国家示范性高职院校工学结合系列教材

建筑表现图手绘技法

（建筑装饰工程技术专业）

李　宏　主编
王兆明　周　彤　副主编
裴　杭　刘　滨　主审

中国建筑工业出版社

图书在版编目（CIP）数据

建筑表现图手绘技法/李宏主编. —北京：中国建筑工业出版社，2009
国家示范性高职院校工学结合系列教材（建筑装饰工程技术专业）
ISBN 978 - 7 - 112 - 11511 - 2

Ⅰ. 建… Ⅱ. 李… Ⅲ. 建筑艺术 - 绘画 - 技法（美术）- 高等学校：技术学校 - 教材 Ⅳ. TU204

中国版本图书馆 CIP 数据核字（2009）第 192818 号

国家示范性高职院校工学结合系列教材
建筑表现图手绘技法
（建筑装饰工程技术专业）
李 宏 主编
王兆明 周 彤 副主编
裴 杭 刘 滨 主审
*
中国建筑工业出版社出版、发行（北京西郊百万庄）
各地新华书店、建筑书店经销
北京嘉泰利德公司制版
北京建筑工业印刷厂印刷
*
开本：787×1092毫米 1/16 印张：8½ 字数：220千字
2009年12月第一版 2019年2月第五次印刷
定价：**45.00**元
ISBN 978-7-112-11511-2
(18755)

本教材主要由3篇内容组成。第一篇主要介绍掌握手绘技能所必备的基础技术知识；第二篇是从5个真实的工程项目中收录了11个手绘设计工作任务，并分步讲解了设计师手绘的工作步骤；第三篇为技能标准收录篇，主要收录了设计师手绘应达到的技能标准，以及设计师近年来为实际工程所作的手绘设计作品。本教材在知识内容上安排了钢笔构思图、彩色铅笔表现图、水彩表现图、马克笔表现图等多种技法的具体讲解，知识点较传统教材要丰富，更有很多近几年的建筑表现佳作供学习者欣赏。

本书可作为高职院校建筑装饰工程技术专业的教材，也可以作为建筑类专业如建筑学、室内设计技术、园林景观设计、环境艺术设计等专业的教材或教学参考书，还可作为建筑装饰与室内设计从业人员继续教育与培训参考书。

* * *

责任编辑：朱首明　杨　虹
责任设计：赵明霞
责任校对：陈　波　赵　颖

前　言

我国加入 WTO，使我国经济融入到世界经济主流中去，与经济全球化过程同步。随着经济全球化的趋势进一步加强，教育国际化的特征进一步明显，人才培养要满足经济全球化的需要，质量标准必须考虑国际竞争的需要，这也对学生的知识、能力结构提出了新要求。2006 年我国启动重点建设高水平的 100 所示范性高等职业院校的工作，这是提升我国培养高素质技能型人才能力的战略决策。在国家资金的资助下，我们完成了一批针对建筑装饰工程技术专业，按工作过程开展教学课程的工学结合教材，《建筑表现图手绘技法》教材就是其中的一部。

本教材的编写主要是从建筑装饰行业中建筑装饰设计岗位的工程实际出发，以项目为载体，将设计师在工程项目中可能需要的各种手绘表现技能逐一展现，使学生在学习手绘技能的同时，又能了解到工程项目对设计师手绘技能的切实需求，从而达到让学生"做中学"的目的。当然一个优秀的设计师需要设计许多的建筑及景观方面的工程，本教材将这些工程的设计图也收录在内。

本教材的编写主要由三篇内容组成。第一篇主要介绍掌握此项手绘技能所必备的基础技术知识，相当于手绘技能的入门知识。第二篇是从 5 个真实的工程项目中收录了装饰设计师设计工作任务中的 11 个手绘工作任务部分，并分步讲解了设计师手绘的工作步骤。本教材从实际工作出发，编入了建筑及景观工程项目，这也是在实际工作中装饰设计师经常遇到的工作内容，同时手绘技能的训练有其共同性，也可以辐射其他专业指导手绘训练。第三篇为技能标准收录篇，主要收录了设计师手绘应达到的技能标准，以及一些实际手绘工程案例。

在本教材的知识内容上，结合工程案例编入了钢笔构思图、彩色铅笔表现图、水彩表现图、马克笔表现图等多种技法的具体讲解，知识点较传统教材要丰富，使《建筑表现图手绘技法》工学结合教材更具有竞争力。

为完成《建筑表现图手绘技法》工学结合教材的编写工作，我们专门成立了建筑装饰工程技术专业《建筑表现图手绘技法》工学结合教材编写组。该编写组由黑龙江建筑职业技术学院环境艺术学院建筑装饰工程技术专业教学团队组成，其成员有：李宏、王兆明、周彤、李庆江、张鸿勋、陶然。其中李宏负责全书的文字编写工作以及部分表现图的绘制；王兆明负责实际工程的衔接以及部分表现图的绘制；周彤负责家居空间部分设计与绘制以及部分表现图的绘制；李庆江负责餐饮空间部分、别墅建筑、园林景观部分设计与绘制，以及部分表现图的绘制；张鸿勋负责宾馆大堂空间部分设计与绘制以及部分表现图的绘制；陶然负责全书插图部分的绘制与修改以及部分表现图的绘制。本教材由黑龙江建筑职业技术学院裴杭教授、哈尔滨华纳装饰工程有限公司刘滨总经理、高级建筑师主审。

附：建筑装饰工程技术专业教学团队《建筑表现图手绘技法》工学结合教材编写组主要成员简介：

李宏：教授，建筑装饰工程技术专业带头人，2003年“首届中国室内设计手绘表现图大赛”中，马克笔手绘作品荣获大赛优秀奖，“建筑表现图手绘技法”课程主讲教师。

王兆明：副教授，建筑装饰工程技术专业带头人，2003年“首届中国室内设计手绘表现图大赛”中，水彩手绘作品荣获大赛金奖，“建筑表现图手绘技法”课程主讲教师。

周彤：高级工程师，建筑装饰工程技术专业骨干教师，2008中国“利豪杯”手绘艺术设计大赛中，建筑钢笔画荣获大赛二等奖，“建筑表现图手绘技法”课程主讲教师。

李庆江：工程师，建筑装饰工程技术专业优秀外聘教师，多年来，在从事建筑装饰设计的同时，常年在建筑装饰工程技术专业讲授“建筑表现图手绘技法”课程。

张鸿勋：建筑装饰工程技术专业青年教师，从事“建筑装饰设计”及“建筑表现图手绘技法”相关课程教学工作。

陶然：建筑装饰工程技术专业青年教师，从事“建筑装饰设计”及“建筑表现图手绘技法”相关课程教学工作。

编者

2009年6月

目　录

第一篇　基础技术篇

基础知识一　手绘建筑表现图的行业作用描述

讲到手绘建筑表现图就要首先讲计算机，从20世纪80年代末以后，个人电脑，也叫微机的出现改变了很多行业的生产技能。计算机延伸了人的脑和手的功能，并部分取代了手工。在建筑设计等行业中，计算机制图已经在计算机辅助设计等岗位中取代了原来手绘施工图的工作，并在效果图表现等方面也大有取代之势。

但经过近些年的磨合和发展，计算机辅助设计绘图与建筑师徒手绘图都有了各自的发展空间。我们相信在今后的发展过程中，计算机辅助设计绘图不可能完全取代手工绘图工作，尤其不能代替思考、学习过程中徒手构思、图解思考的工作，所以说手绘建筑表现图的发展空间非常广阔。

一、手绘建筑表现图在建筑中的应用岗位

手绘建筑表现图在建筑中的应用岗位主要是设计岗位。对于有心从事设计岗位工作的初学者，必须要在手绘建筑表现图这一技能的学习上多下功夫，因为手绘技能是一名优秀设计师必备的基本技能之一。

（一）工作内容对应手绘技能

作为一个设计师要在设计岗位完成自己的本职工作，需要做好设计方案（包括城市规划设计、建筑设计、园林景观设计、室内设计、陈设设计等）从设计到完善以及施工的全部过程。设计师的工作内容主要包括现场勘察、资料收集、方案构思、团队讨论、表现图设计、施工图设计、施工指导、竣工图绘制等工作阶段。在各个阶段均有可能使用手绘技能参与工作。

现场勘察：可能使用的手绘技能有勾画勘测用平面图，现场尺寸标注等。

资料收集：可能使用的手绘技能有将各种资料分类绘制收集。

方案构思：可能使用的手绘技能有将思考的方案图解到图纸上。

团队讨论：可能使用的手绘技能有互相勾画心仪的方案，笔谈想法。

表现图设计：可能使用的手绘技能有手绘效果表现图。

施工图设计：可能使用的手绘技能有手绘施工图。

施工指导：可能使用的手绘技能有现场勾画方案与现场人员沟通，隐蔽工程存档。

竣工图绘制：可能使用的手绘技能有手绘竣工图。

（二）技能评价

手绘建筑表现图是一个设计师必备的专业技能之一，但不是所有的设计师都能够熟练掌握这一技能，所以设计师要每时每刻练习、完善手绘技能。关于手绘技能的水平问题，因为手绘能力属于绘画艺术范畴，所以评价主要靠每个人的审美取向，但手绘能力还要和设计能力互相关联，只有优秀的设计方案才能使手绘表现图更加得到人们的赞赏。

这里选择四幅表现图，分别展现了一名优秀设计师在其成长中手绘表现图转型的四个阶段，也是手绘能力从幼稚、拘谨到熟练、洒脱的提高过程。希望初学者能够增强自己学习的信心，端正学习态度，在学校内打好技法基础，通过长期的努力终将掌握这门设计师必备的手绘技能。

阶段一，学习阶段手绘能力提高空间较大。初学者大多数没有手绘基础，往往透视不够准确，用笔没有规律，线条不流畅，色彩不够准确，画面完整性差。但很多学生经过手绘训练后，能够达到图 1-1-1 所示的手绘能力。

图 1-1-1　阶段一，学习阶段手绘能力提高空间较大

阶段二，初始工作手绘能力一般（图 1-1-2）。总体透视基本准确，个别线条透视不够准确，组织线条能力不强，画面不够精彩，不会取舍。可以基本反映出刚开始设计工作几年之内的手绘能力，即设计员的手绘能力。

图 1-1-2　阶段二，初始工作手绘能力一般

阶段三，独立开展设计工作，手绘能力加强（图 1-1-3）。作为有一定工作经验，能够在设计岗位上独挡一面的设计师，其手绘能力必须可以很好地完成构思图和中小型设计方案的手绘表现图，而且图纸透视准确，钢笔线条流畅，绘图速度快，画面能够反映设计效果。可以体现出设计师的手绘能力。

阶段四，主持设计工作手绘能力一流（图 1-1-4）。长期从事设计工作，对本岗位各项工作得心应手，在行业中应有一定地位。其手绘能力与其方案能力一样出色，表现图透视准确，而且能反映出不同一般设计师的独特的透视角度。无论是构思图，还是效果图，手绘速度快，图面效果佳，能够反映出不同于一般设计师的画面效果。这种能力更多的是一种综合能力的体现，当然首先是手绘能力。

通过分析可以看出一般设计师的成长之路，手绘能力的提高不是一蹴而就的，需要不断的练习，勤奋用笔。

图 1-1-3　阶段三，独立开展设计工作手绘能力加强

图 1-1-4　阶段四，主持设计工作手绘能力一流

二、手绘建筑表现图在设计中的应用范围与作用

在建筑行业中，设计表现图由于主要表现建成后的效果，所以也俗称建筑效果图。主要分为电脑表现图和手绘表现图两种。手绘建筑表现图的应用范围很广，从城市规划到园林景观，从建筑设计到室内装修，总之，只要有需要创意的地方，就有手绘表现技能的存在。

手绘建筑表现图不但可以在各种设计的全过程中发挥作用，而且在方案施工中也可以起到辅助指导施工的作用。根据建筑方案实施的不同阶段以及表现图的不同用途分类，可以将手绘表现图的作用分为三个方面：

（一）构思阶段的应用

这个阶段的表现图多是表达建筑师的设计构思，即图解思考的过程，习惯称之为构思草图。在此阶段建筑师主要任务是构思设计方案，通过绘制草图的方法将设计方案逐一推敲，所以说构思草图就是设计师的思考成果。由于每位建筑师的设计理念、工作方法、表达方式不尽相同，所以这个阶段的草图表现，在种类、内涵、深度等众多方面都不会一样，这也成就了建筑设计师个性的展示。

（二）方案阶段的应用

建筑表现图的第二个作用就是在建筑方案定稿过程中便于甲乙双方进行交流。这时的建筑方案要通过建筑表现图完整地、准确地展现。设计师绘制的表现图要在建筑造型、空间关系、色彩搭配、尺度设计、质感效果等方面综合刻画，力求把建筑方案表达得更加完美，从而参与设计投标。现在的表现图多是通过电脑和手绘两种方式绘制。手绘表现也在追求快速、简练的绘图方式。

（三）施工阶段的应用

建筑表现图另一个作用就是在建筑企业施工的阶段对施工进行辅助指导。建筑企业的施工要依据建筑施工图来安排施工内容，但施工图很难直观展现建筑内外的全貌。建筑表现图可以给施工人员全面的效果感受，对施工有积极的影响作用。

三、手绘建筑表现图的专业知识、能力储备

如果没有手绘入门知识，就要在手绘学习上走一些弯路。初步的技能也要靠平时一点一点练习积累。这里就初学者平时应该掌握的知识加以介绍。

（一）知识储备

1. 素描知识

掌握素描知识是学好手绘建筑表现图的第一要素。素描是一切造型艺术的基本功，只有掌握好素描关系，才能把握好空间实体的形状、尺度、方位以及光影变化。通过素描学习，要有对物体观察分析的能力、空间变化想象的能力、准确表达形体的能力。

2. 色彩知识

了解色彩知识同样是学好手绘表现图的重要一环。初学者通过色彩练习以及色彩构成学习，理解描绘物体中存在的色相、明度、纯度即色彩三要素及其变化规律，熟悉色彩的对比协调、颜色组合、色彩感受，从而提高色彩感觉和运用色彩的能力，为手绘建筑表现图的绘制打下一个良好的基础。

（二）能力储备

1. 识图能力

掌握识读建筑平面图、立面图、剖面图等能力，可能对今后深入研究建筑空间、理解建筑细部、感悟建筑表现图的内涵等方面带来积极的影响。所以要想成为一名手绘表现图能力非常强的建筑师，就必须掌握建筑识图能力，所绘的建筑表现图才能有自己的思想和艺术价值。

2. 速写能力

坚持速写训练，培养速写能力，可以直接提高钢笔打稿的速度和水平。另外速写训练可以使个人的风格在绘画的过程中自然形成，避免模仿某一种风格造型，使手绘建筑表现图中有更多的个性元素在里面。

3. 工具使用能力

通过其他课程的学习可以掌握绘图工具的使用，在学习本课程时要具备一定的工具使用能力。绘图常用的工具有三角板、丁字尺、界尺、针管笔、中性笔等绘图工具。要初步掌握各种线形、各种笔尖的应用，还要熟悉针管笔与三角板、丁字尺的配合使用。

基础知识二　手绘建筑表现图透视的类型

手绘建筑表现图必须要学会透视技法，一个优秀的透视底稿，可以说是建筑表现图成功的一半。

一、表现图透视概述

当人们在观察物体时，在物体与眼睛之间设置一块玻璃，那么反映在玻璃里的物体形象就是透视图。透视图是一种与相片同样具有远小、近大的远近距离感的图画（图 1–2–1）。

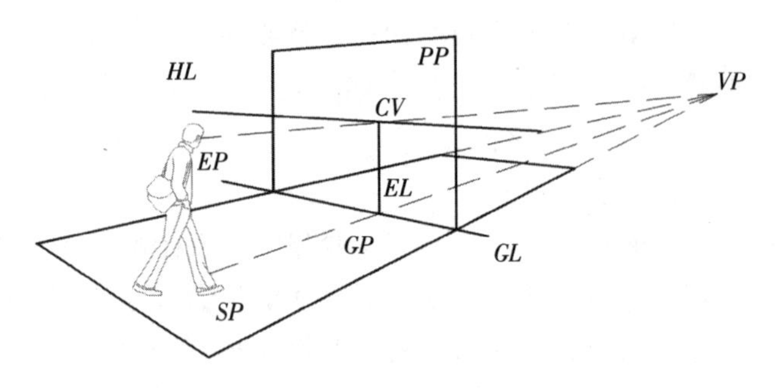

图 1–2–1　透视基本原理及名词解释

在透视学中常用下列名词：

1. 立点（*SP*）：也称足

点，人站立的位置。

2. 视点（*EP*）：人的眼睛的固定位置。

3. 视高（*EL*）：立点到视点的高度。

4. 视平线（*HL*）：观察物体的眼睛在画面高度的水平线。

5. 基面（*GP*）：物体放置的平面。

6. 画面（*PP*）：置于观察者和物体之间的假设画图。

7. 基线（*GL*）：画面与基面的交接线。

8. 心点（*CV*）：通过视点作画面的垂线。

9. 灭点（*VP*）：与基面相平行且与画面成角度的各组平行线所消失的点。

透视图可根据视点位置和灭点数进行分类：

1. 视点位置分类

（1）标准透视图（视点 1.5m）；

（2）俯视透视图（视点高出对象物一些）；

（3）鸟瞰透视图（视点比对象物高出很多）。

2. 依透视灭点数分类

（1）一点透视（平行透视）

（2）两点透视（成角透视）

（3）三点透视（斜透视）

其中一点透视、两点透视是设计师喜欢表现的透视形式。一点透视绘图简便、易于掌握、纵深感强；两点透视画面灵活、接近实景、实用性强、绘制难度适中。

二、一点透视图

一点透视也称平行透视。它是在构成三维空间的透视图面上，有二维空间线是和画面相平行，只有一维空间线与画面不平行的一种情况，这一维空间线有一个共同的灭点，所以称之为一点透视（图 1–2–2）。一点透视画法的特点是容易理解，绘制简单，灭点在画面上，但画面与两点透视相比不够灵活。

一点透视在表现室外景物时，适宜场面宽广、对称性强，能显示纵向深度的建筑物或建筑群体（图 1–2–3）。在室内通常可以表达室内六面体中的五个面，所以透视画面表达比较完整，空间效果平稳（图 1–2–4）。

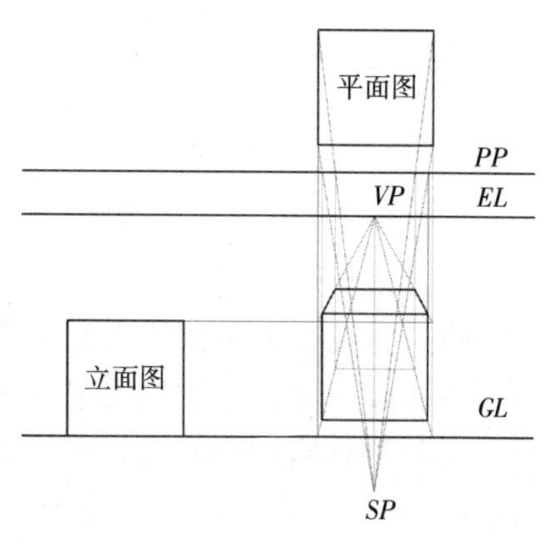

图 1–2–2　一点透视图基本画法

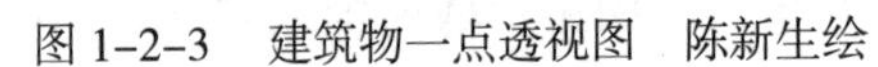
图 1-2-3　建筑物一点透视图　陈新生绘

图 1-2-4　室内一点透视图

三、两点透视图

两点透视也称成角透视。它是在构成三维空间的透视图面上，有一维空间线是和画面相平行的，而有二维空间线与画面不平行的一种情况，这二维空间线各有一个灭点，所以称之为两点透视（图 1-2-5）。有一维空间线与画面平行，这组空间线就是高度方向的线。所以画两点透视时高度方向的线都应该是垂直的，互相平行。

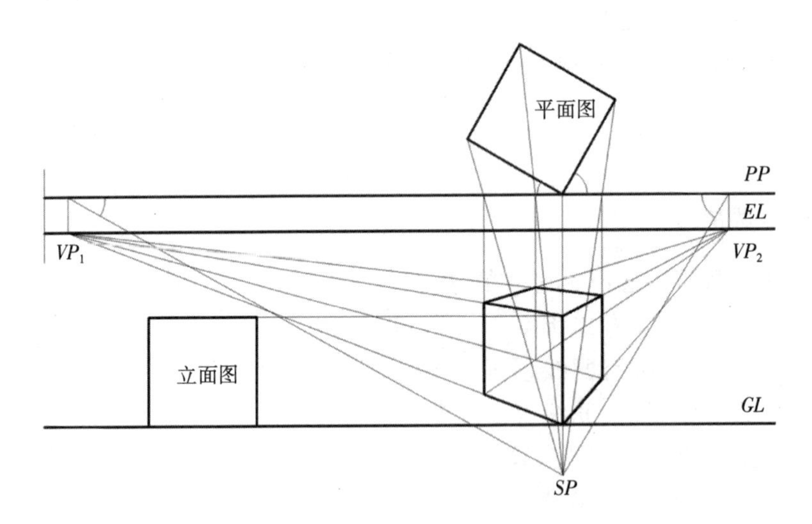

图 1-2-5　二点透视图基本画法

两点透视表现更接近人们通常的观察效果，表达建筑的体积感更强，所以透视效果较为真实、自然，是画建筑室内外表现图常用的一种透视（图 1-2-6）。两点透视表达室内空间时，由于成角的原因，可以表现室内六面体中的四个面（图 1-2-7）或五个面，五个面的两点透视是把其中的一个灭点移到离画面很远的视平线上所产生的透视效果（图 1-2-8），由于与一点透视有些相象，也有称之为一点斜透视。

图 1–2–6　建筑物两点透视图　陈新生绘

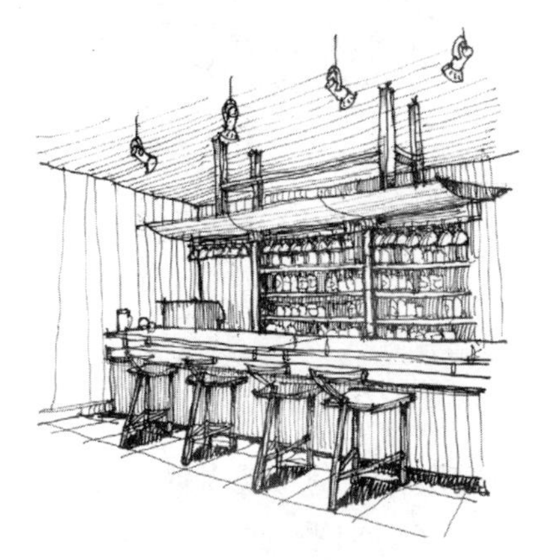

图 1–2–7　室内四个面透视图

图 1–2–8　室内五个面透视图

四、三点透视图

三点透视也称斜透视。它是在构成三维空间的透视图面上，没有空间线是和画面相平行的一种情况。三维空间线都与画面不平行，这三维空间线各有一个灭点，所以称之为三点透视图（图 1–2–9）。

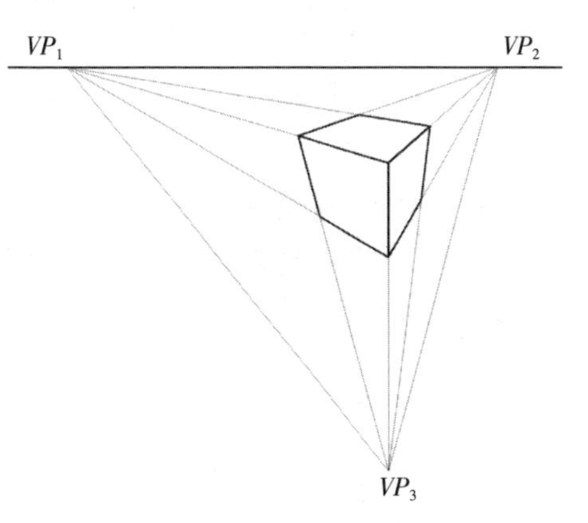

图 1–2–9　三点透视图基本画法

三点透视有着很强的表现力，它除了二点透视的两个灭点外，高度方向的垂直线也不平行画面，形成了向上消失的“天点”，或向下消失的“地点”。三点透视在室外常用于鸟瞰图（图 1–2–10）或仰视图（图 1–2–11）。

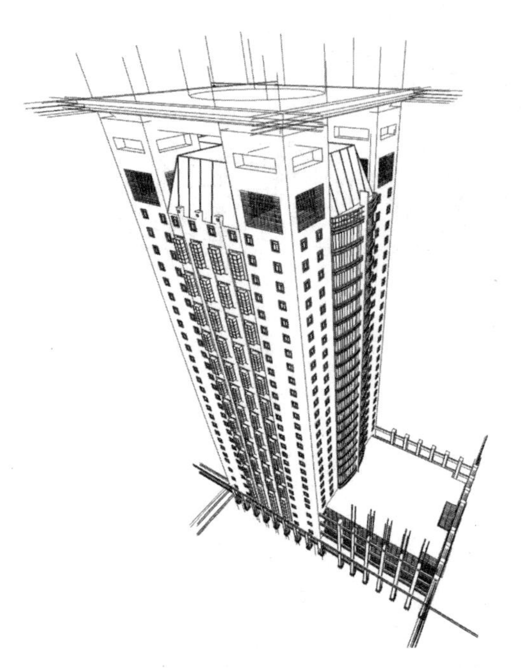

图 1–2–10　俯视建筑三点透视图

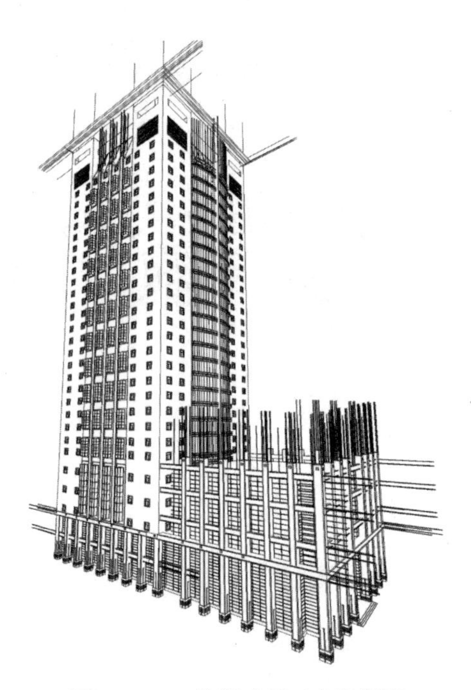

图 1–2–11　仰视建筑三点透视图

五、轴测图

轴测图不属于透视图，但也有人称之为等角透视。它是将视点假定在无限远的距离，所以它没有透视灭点存在，三维空间线是向各方向平行的（图 1–2–12）。轴测图虽没有一般透视表现图的视觉感受，但这种表现图具有独特的气氛，尤其是适合说明类的表现图或写实的表现图。

基础知识三　手绘建筑表现图的构图种类

在绘制建筑表现图时，首先要考虑选择透视的类型，在确定透视种类后，就要考虑手绘建筑表现图的构图种类问题，这两个因素都对表现图的成功绘制有着重要的影响。

一、透视角度的选择

无论室内、室外建筑表现图都有选择透视角度的问题，合理的透视角度可以突出所要表达的主立面，正确地反映设计意图，得到令人满意的视觉效果。

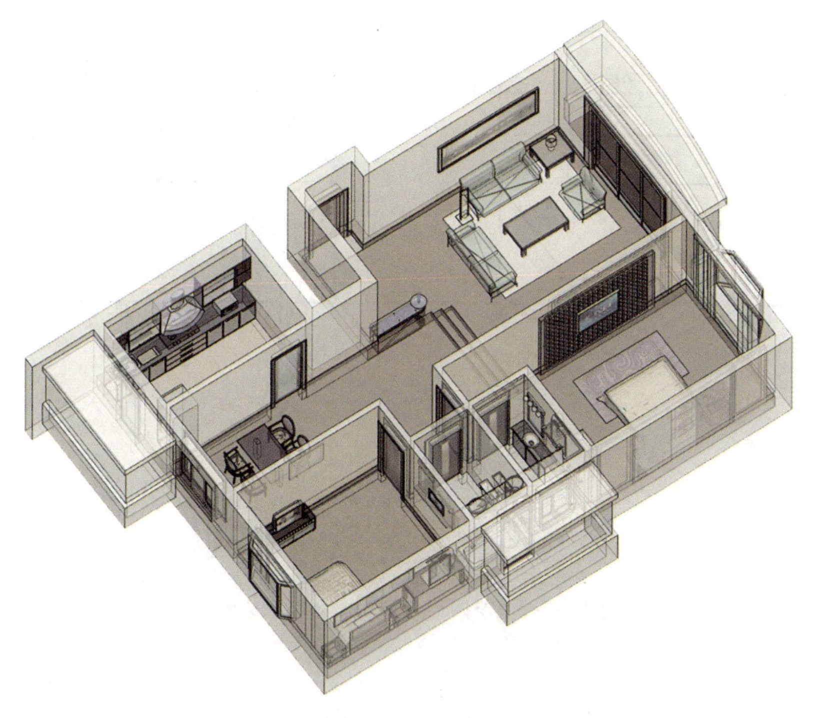

图 1-2-12　轴测图

通过建筑物与画面之间的夹角变化，可以清楚地看到所要表现的建筑物的透视效果（图 1-3-1），在图中可以看到 1、2 是常选的两种透视角度，3 由于两个立面面积差不多大，墙角居中，所以构图比较呆板，4、5 是在主立面比较长的情况下选择的一种透视效果，画面空间感强，但主立面表达不是很清晰，适合多角度透视中选择。

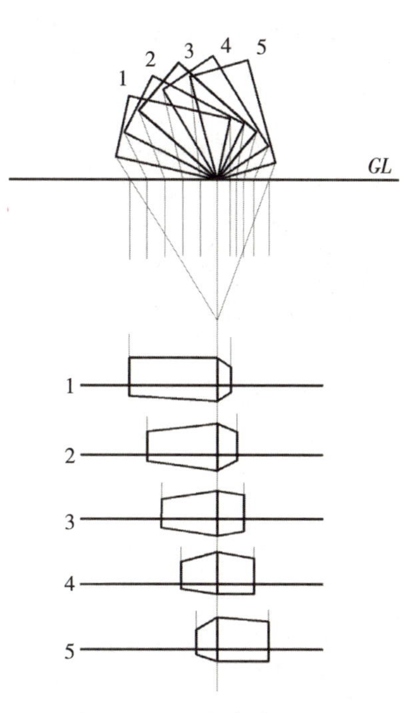

图 1-3-1　透视角度的选择

二、视点的选择

（一）视点的前后位置（视距）选择

视距是视点与画面之间的距离。在绘制简易表现图时是不会体现出视距的存在，但这里要介绍用正式透视法绘制透视图时，视距对画面的影响。如果建筑物与画面之间的位置不变，在绘制建筑透视图时视距越近则透视变形越大，反之，视距越远则透视变形越小。在室内透视中，对于一点透视如果视距越近则背景墙越小，反之越大（图 1-3-2）。所以站点的位置与画面要远近适当，这样才能保持画面不失真。

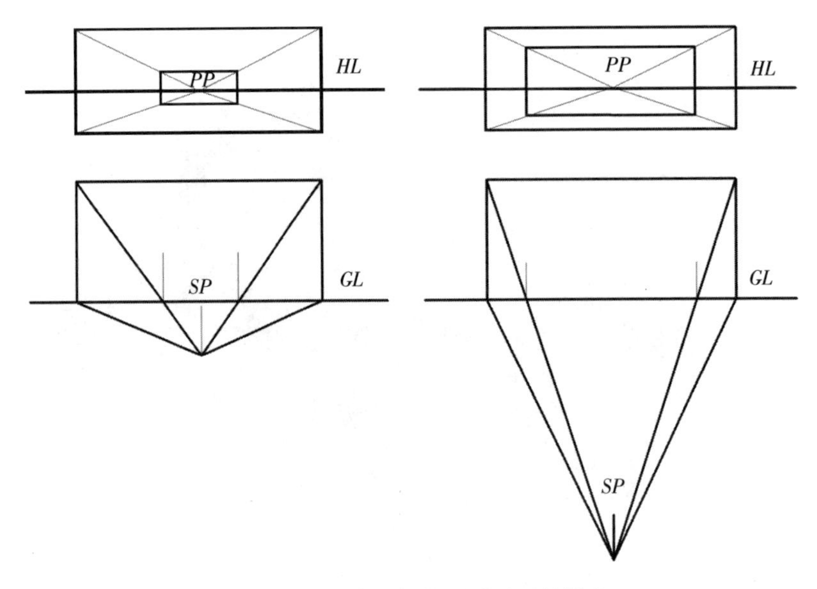

图 1–3–2　室内透视视距对画面的影响

（二）视点左右位置的选择

在绘制建筑透视图时，视点左右位置的选择应考虑满足建筑体积感和进深感的表达要求，正常情况下应选择能看到建筑物的两个面的位置上，如有一个灭点落在建筑物体积内，则体积感较差（图 1–3–3）。

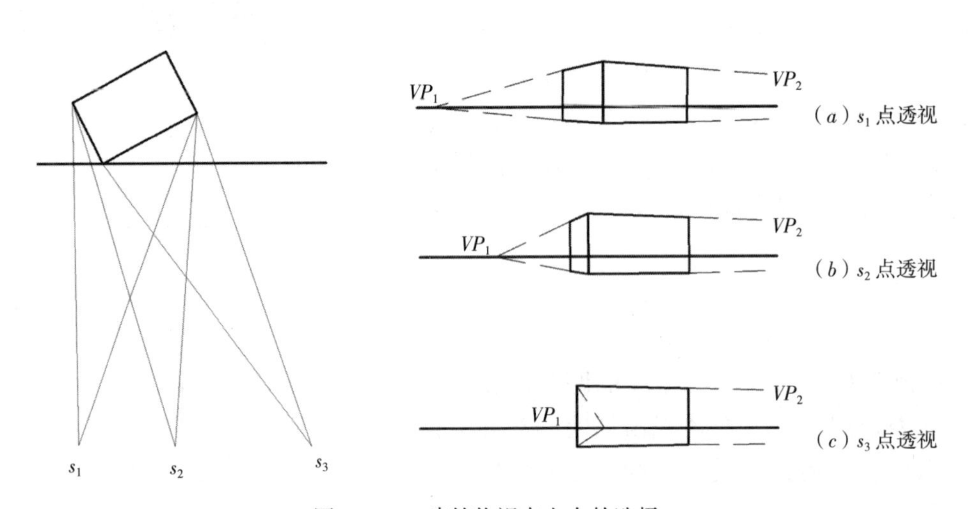

图 1–3–3　建筑物视点左右的选择

（三）视点高度的选择

在建筑室内外透视图中都可以选择 1600 ~ 1700mm 的视点高度，因为这是一般人的眼位高度，其画面真实感强，表现图易于被人接受。但在室内也有将视点高度降低 200 ~ 300mm 的选择，因为在室内通常人们要坐在座位上环顾四周，所以低视点透视也有很强的真实感，这样还可以将室内空间表现得更加高大、壮观。

基础知识四　手绘室内表现图透视的简易画法

对于优秀的设计师而言，勾画构思图都是随手就来，透视关系是按自己的理解和敏锐的透视理解力来完成的。但绘制较正式的表现图的透视底稿一般都是借助三角板等制图工具，用简易的透视画法来绘制完成的。

作为设计师在绘制室外建筑透视底稿时，只要合理选择透视类型，注意建筑物与画面的夹角、视距、视点的高度三个重要因素，就可以画好一张建筑透视图。但绘制室内透视时，因为透视面比较多，初学者对复杂的透视一时很难完全接受，所以基础知识四主要介绍一些室内表现图透视的简易画法，希望对初学者有所帮助。

一、一点透视简易画法

案例: 一个已经完成的卧室平面设计图，房间宽 4000mm、进深 6000mm、高 3000mm，现需要完成一点透视底稿（图 1–4–1）。

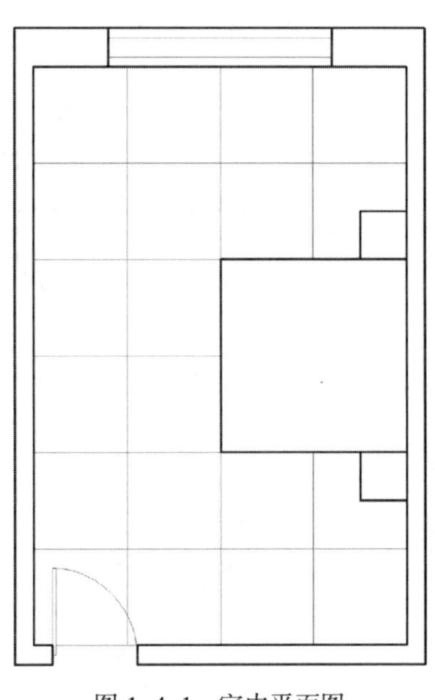

图 1–4–1　室内平面图

绘图者设想：在 A3 图纸上做底稿，做好绘图准备工作，定好站点位置，视平线定在 1400mm 高，重点表现是站点右侧床头背景墙面。作图如下：

（1）在图纸中间稍下部位做出视平线 *HL*，做出大小适中的背景墙面 *abcd*，注意一：背景墙面大小凭经验自定，本案定背景墙面高度为图纸的 1/3 弱；注意二：背景墙面的高宽比永远为 3000mm /4000mm，即 3/4；注意三：为了重点展现右侧电视背景墙面，需要将背景墙面适当左移一些；注意四：视平线定在 1400mm 高，约在背景墙面的中间略下的位置上（图 1–4–2*a*）。

注意：背景墙面大则进深墙面就表现得短，所以背景墙面小则可表现大进深。

（2）在视平线上选定灭点 *VP*，注意灭点位置一定是在背景墙面中心左移一些，如同选择背景墙面位置一样。然后再从灭点向 *a*、*b*、*c*、*d* 四点引四条射线（图 1–4–2*b*）。

（3）将 cd 墙线四等分（通常以 1000mm 为一等分），分别为 cs_1、s_1s_2、s_2s_3、s_3d 线段，延长 cd 至 d_6，将 dd_6 六等分，使每一等分与 cs_1 长度相等。做 d_6 到视平线 HL 的垂线交 m 点，作 m 点与 d_1 ~ d_6 点连线，并与 VPd 的延长线交于 d_1' ~ d_6'（图 1-4-2c）。

注意：可以在今后绘制此类透视图时，尝试将 m 点的位置在视平线 HL 上左右移动，其他步骤不变，此时再观察进深方向的变化。

（4）通过 d_1' ~ d_6' 点做水平线、垂直线，组成大小渐进的矩形（图 1-4-2d）。

注意：每个矩形的尺度和间距是一样的，只是由于进深方向位置不同显示出透视变化。

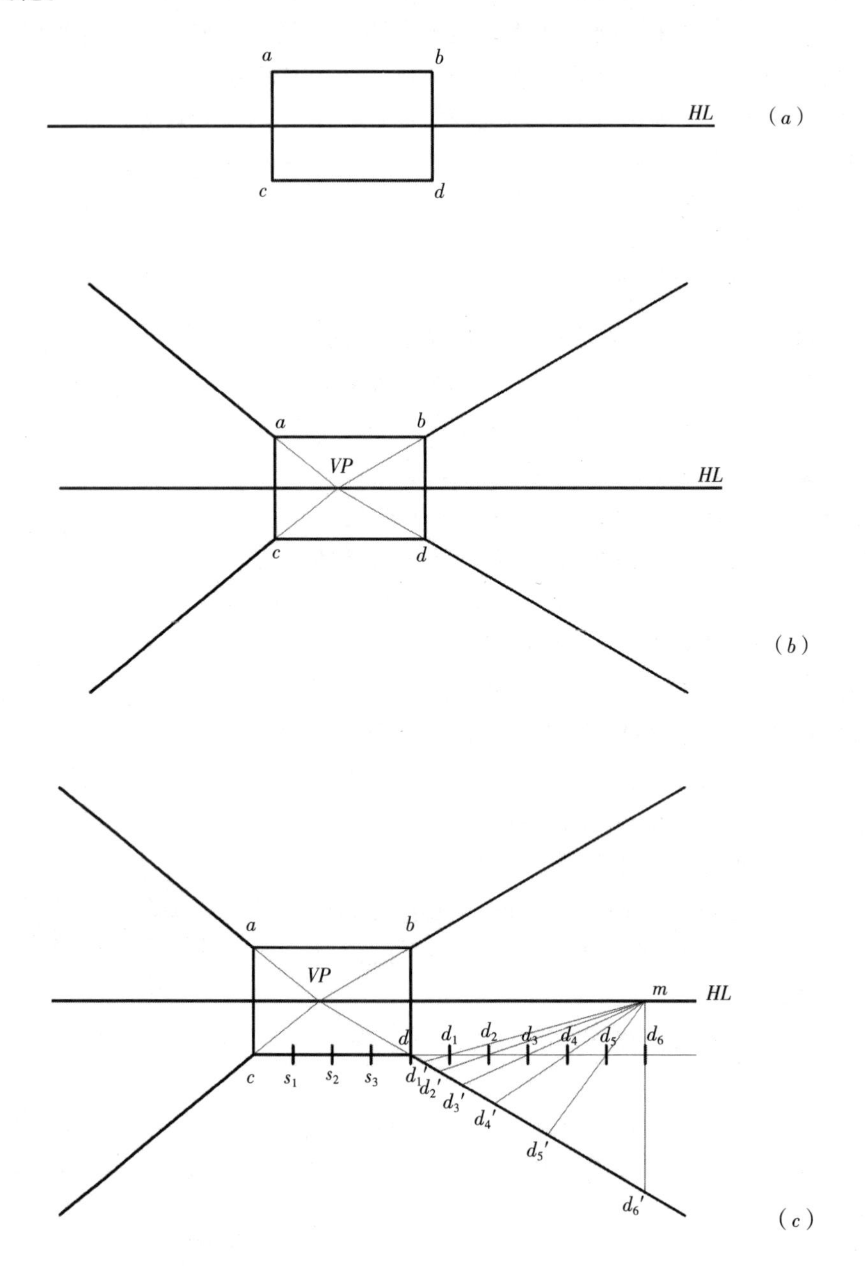

（5）从点 VP 向点 s_1、s_2、s_3 引射线（图 1-4-2*e*）。

注意：用同样的方法也可将墙面和顶棚作同样的网格划分，在此透视图中，每个网格是 1000mm × 1000mm 的尺度，制图者可以根据设计方案的安排在透视图中找到家具等的正确位置。

（6）在平面图中找到窗、床、柜子的位置，再在图 1-4-2*e* 中找到空间透视中的位置，完成二维家具图（图 1-4-2*f*）。

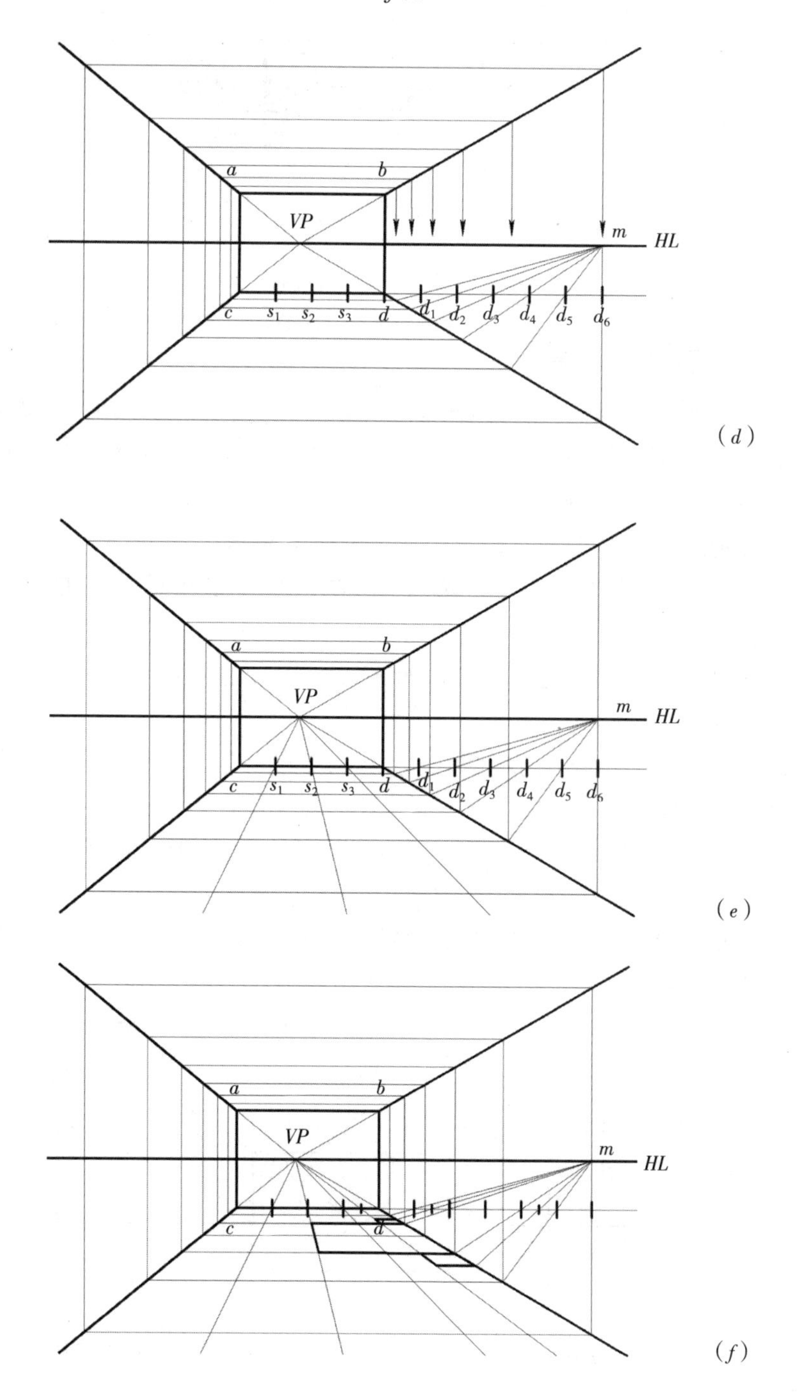

（*d*）

（*e*）

（*f*）

（7）在背景墙面上选定家具高度，通过透视线完成三维家具的建立工作（图1-4-2*g*）。

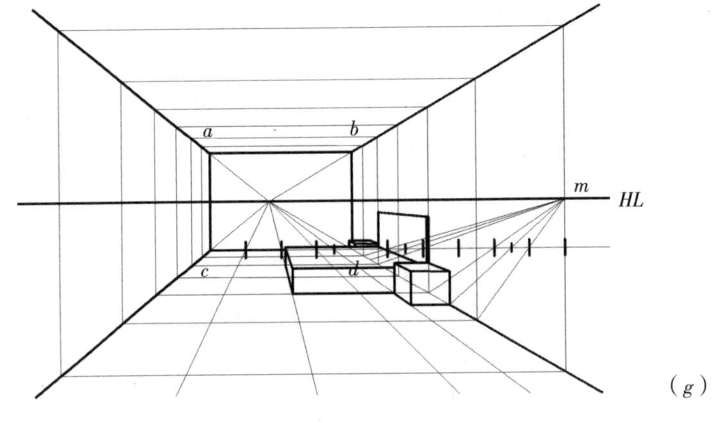

（*g*）

图 1-4-2　一点透视简易画法

二、二点透视简易画法

在一点透视简易画法的基础上，只要将所有的水平线变成透视线就可以将一点透视修改成二点透视图，这是透视线的灭点在远离画面很远的视平线上所产生的透视效果。这种二点透视在实际中很实用，下面介绍此种作图方法。

在完成一点透视图的基础上，需要做以下步骤：

（1）先定出最外面的外框透视线 VP_2，并连结成最外框的矩形透视（图1-4-3*a*）。

（2）在右侧外框上选择几点，如 *A*、*B*、*C*、*D*。然后水平移到左侧 *A′*、*B′*、*C′*、*D′*（图 1-4-3*b*）。

（3）将 *A′*、*B′*、*C′*、*D′* 点与灭点 VP_1 连线，与新透视外框交于点 *A″*、*B″*、*C″*、*D″*（图 1-4-3*c*）。

（4）连接从 *A* 与 *A″*、*B* 与 *B″*、*C* 与 *C″*、*D* 与 *D″*，这些连结线即是 VP_2 的透视线（图 1-4-3*d*）。

（5）以上述的透视线为基准，将所有的水平线全部画成符合透视规律的透视线（图 1-4-3*e*）。

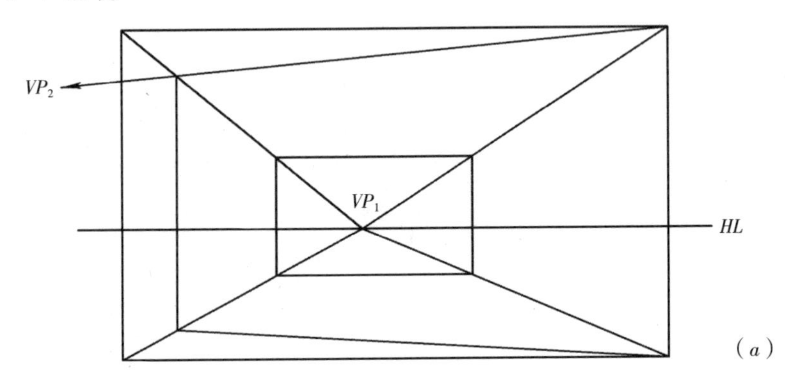

（*a*）

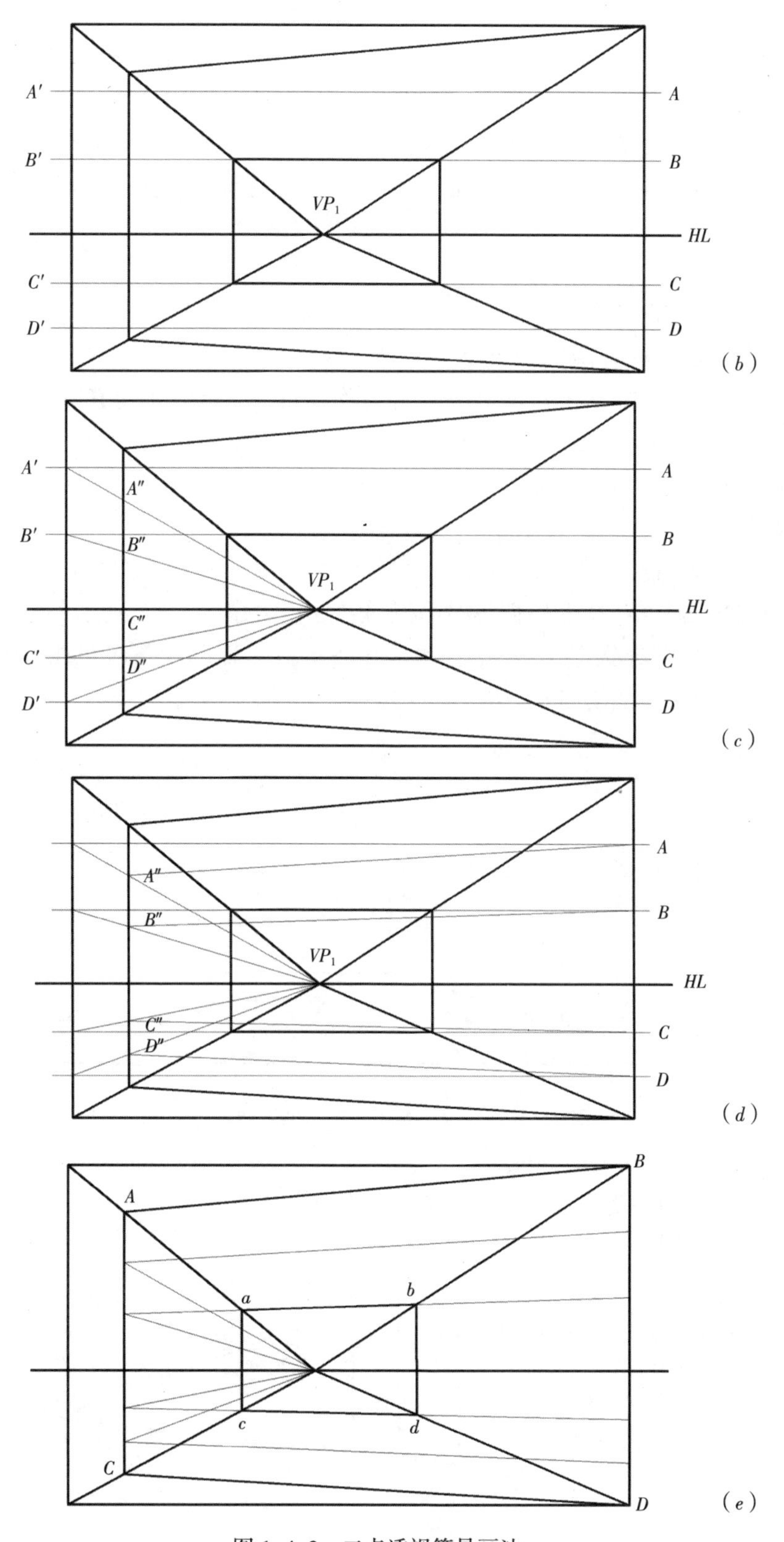

图 1-4-3　二点透视简易画法

基础知识五　手绘建筑表现图透视的常用技巧

在作透视底稿时，如果按常规绘制可能会很烦琐，这时如果使用一些透视技巧，可以提高绘图效率，下面主要介绍在透视面上画分割、延续和一些画几何图形的技巧。

一、分割透视面技巧

（一）对角线分割透视面

在透视面 *ABCD* 上作四等分。首先作透视面 *ABCD* 的对角线，通过对角线交叉点作垂直线 *EF*，得到两个分割面，然后重复同样的方法，就可以得到透视面 *ABCD* 的四等分（图 1–5–1）。但这种方法有其局限性，不能将透视面分割成任意份。

（二）垂直线方向分割透视面

在透视面 *ABCD* 上作四等分。首先在 *BC* 边作四等分，然后连接各等分点与灭点 *VP*，再连接对角线 *BD*，最后过各等分点辅助线与对角线 *BD* 的交点作垂直线，即可得到透视面 *ABCD* 上的四等分（图 1–5–2）。

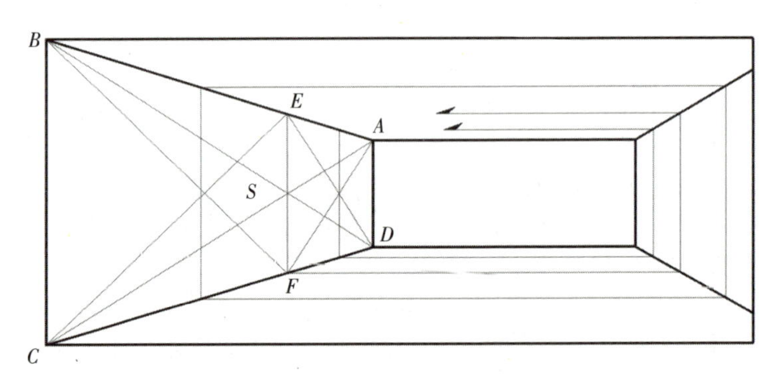

图 1–5–1　对角线分割透视面

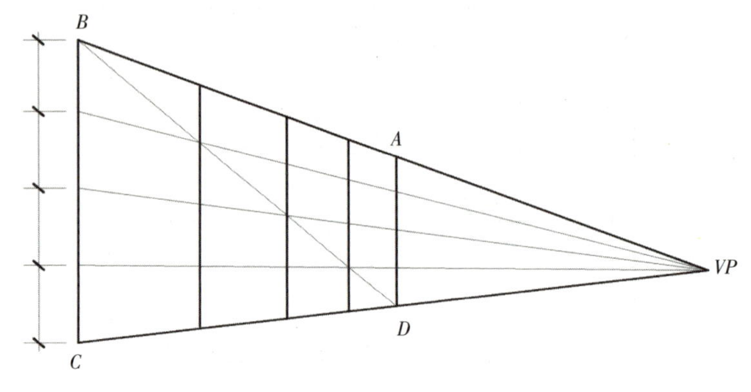

图 1–5–2　垂直线方向分割透视面

（三）辅助线分割透视面

在透视面 *ABCD* 的下方做任意水平线 *XY*，然后在透视面外的视平线上任意找一点 *E*，将 *E* 点与 *C* 点、*D* 点分别连线并延长交 *XY* 线与 *C′* 点、*D′* 点，在 *C′D′*线段上按需要等分，得到等分点。然后将各点与 *E* 点连线，即可得到透视面上的等分段（图 1–5–3）。用同样的方法还可以在透视面上任意找 *E′* 点，按上面同样的方法画出。

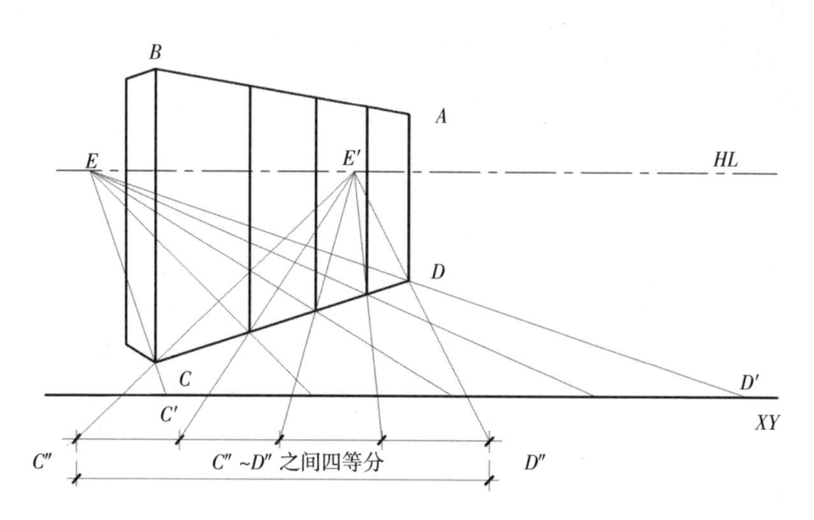

图 1–5–3　辅助线分割透视面

二、延续透视面技巧

在矩形 *ABCD* 上，做对角线交叉，得交点 *E*。以 *E* 为起点做一条 *AD*、*CB* 的平行线，并得到 *DC* 线段的中心点 *F*，连结 *AF*，延长后交 *BC* 的延长线与点 *G*。通过 *G* 点做垂直线交 *AD* 于 *H*，至此 *DCGH* 面为与 *ABCD* 面大小一致的延续面，依次类推可以得到无数个连续透视面（图 1–5–4*a*、*b*）。

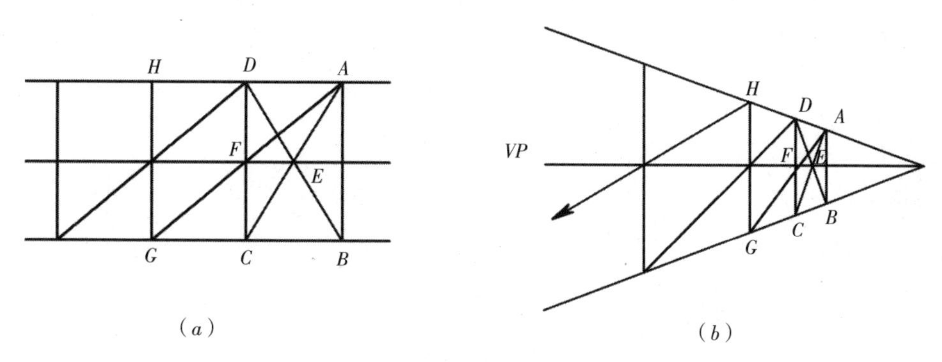

图 1–5–4　利用对角线延续透视面

三、圆形透视技巧

圆形的透视图形基本为椭圆，在特殊情况下是正圆。按画法几何的画法会使圆形透视变得复杂，在实际绘图中，主要按照圆形大小分成两种绘图方式。

（一）八点求圆方法

在需要绘制大圆形或需要精细绘制圆形时，可以通过八点近似求圆的方法来完成，其步骤如图 1–5–5 所示。先找到 *E* 点，做 *BE* 点连线交 *F*，连结 *FG* 交方形对角线于 *M* 点，这 *M* 点就是圆形上的一点，另三点用同法求出，连同 *ABCD* 共八点可求近似圆，在透视面上画圆同样可按照八点求圆的步骤来完成近似圆的绘制工作（图 1–5–6）。

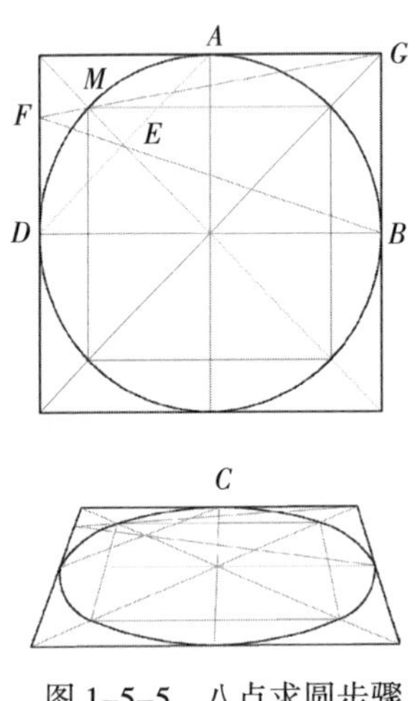

图 1–5–5　八点求圆步骤

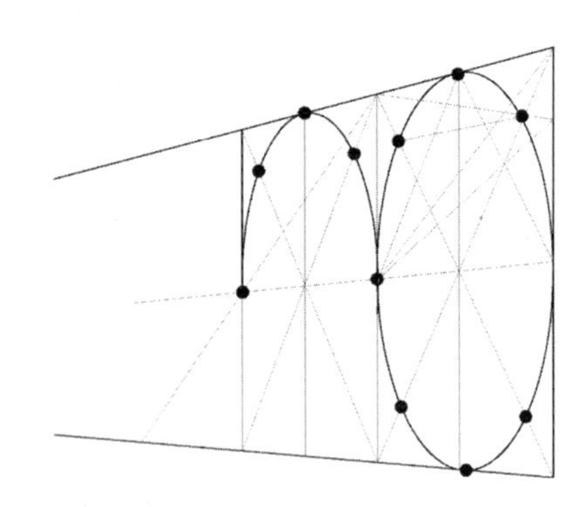

图 1–5–6　透视面上的八点求圆

（二）徒手画圆方法

很多时候，设计师需要表现小圆的透视效果，如筒灯、台灯、茶杯等。一般情况下，只需要徒手画圆，在具体绘制时要注意以下问题：离视平线越近的圆越扁，反之越圆。

一点透视圆形为水平圆，圆形两侧宽度一致；二点透视中灭点较远的方向，圆形较宽；前半圆略大于后半圆。

第二篇　项目工程篇

项目一　哈公馆家居空间设计表现

在建筑装饰工程中，很多室内设计师的设计工作都是从做家居空间设计开始的。在家居设计中，设计师不但要有家居室内空间设计能力，而且还要有将设计思想手绘到图纸上的能力，即完成构思图的能力；最后还要有完成手绘表现图的能力，当然效果图也可以由电脑绘图完成，但这不是设计师逃避手绘表现图的理由，不会手绘表现图的设计师很难成长为一名优秀的设计师。

哈公馆家居空间设计项目任务书

序号	项目内涵	具体说明
1	项目说明	本工程项目是哈尔滨市道里区哈公馆家居空间设计项目，要求设计师在 15 日内拿出设计方案
2	项目分析	在项目规定的时间里，需要完成平面设计构思、完成客厅和主卧室方案正式图等技术环节，最终拿出家居空间设计方案
3	项目任务分解	1. 工作计划中将工程项目方案设计分成四个阶段完成 阶段一（5 日内）应完成哈公馆家居空间平面设计构思图的构思与绘制工作 阶段二（2 日内）应完成哈公馆家居空间设计构思图的构思与绘制工作 阶段三（6 日内）完成哈公馆家居空间设计方案的设计与绘制工作 阶段四（2 日内）完成文本制作 2. 手绘工作任务主要在阶段一、阶段三中，本项目分成以下三个任务完成 任务一（10 小时）应完成家居平面设计构思图的绘制 任务二（24 小时）应完成家居客厅空间设计表现图的绘制 任务三（24 小时）应完成家居主卧室空间设计表现图的绘制 此时间设定为纯绘图时间，三个任务控制在 6 日内完成
4	任务能力分解	本次任务主要以手绘表现能力实训为主。该工程设计项目需要一定的家居室内装饰设计能力、平面及空间钢笔彩铅手绘表现能力

任务一　完成家居平面设计构思图的绘制

一、任务描述

通过设计师对家居平面的功能分析、设计思考，完成家居平面方案构思工作，任务成果是完成平面构思图。

二、任务分析

（一）绘图任务工作量分析

完成平面构思图主要依靠设计师对平面功能正确的理解，绘图工作量并不是很大，专业设计师通常2～4小时就可以完成一个思考成熟的徒手平面设计构思图。如果利用绘制工具绘制平面构思图，则时间会比前者加长一倍。根据绘图任务工作量的综合分析，工具线条平面图应该控制在6小时内完成绘图任务。本次采用徒手线条绘制平面构思图，考虑到任务的平面较大，要求10小时纯绘图时间内完成绘制任务。

（二）绘图工具准备分析

1. 制图工具（图2–1–1）

针管笔：英雄针管笔0.2、0.6各一支。

铅　笔：中华2H铅笔。

丁字尺：90cm丁字尺一把。

三角板：28cm三角板一套。

制图纸：普通2号（594mm×420mm）制图纸一张。

图　板：1号图板。

其他文具：胶带纸、橡皮、双面刀片、圆模板、曲线板、比例尺等。

图2–1–1　完成家居平面设计构思图的绘图工具

2. 着色工具

彩色铅笔：辉柏嘉牌48色水溶性彩色铅笔一盒。

马克笔：韩国touch牌马克笔5支。

（三）绘图任务重点难点分析

绘图重点在于图面要表达出设计意图，体现出徒手和工具线条的流畅感，同时着色要在表达明暗和立体感上多下功夫。

绘图难点在于运用好徒手线条要有长时间的积累和练习；彩铅和马克笔的着色要讲究线条的组合和流畅。

三、方法与步骤

首先将绘图的前期准备工作做好，如图纸落位，均衡布图，铅笔打稿等，然后开始以下步骤：

1. 钢笔底稿（图2–1–2*a*）

用0.2针管笔徒手绘制要注意线条流畅，阳角搭线，如对线条有更严格的要求，

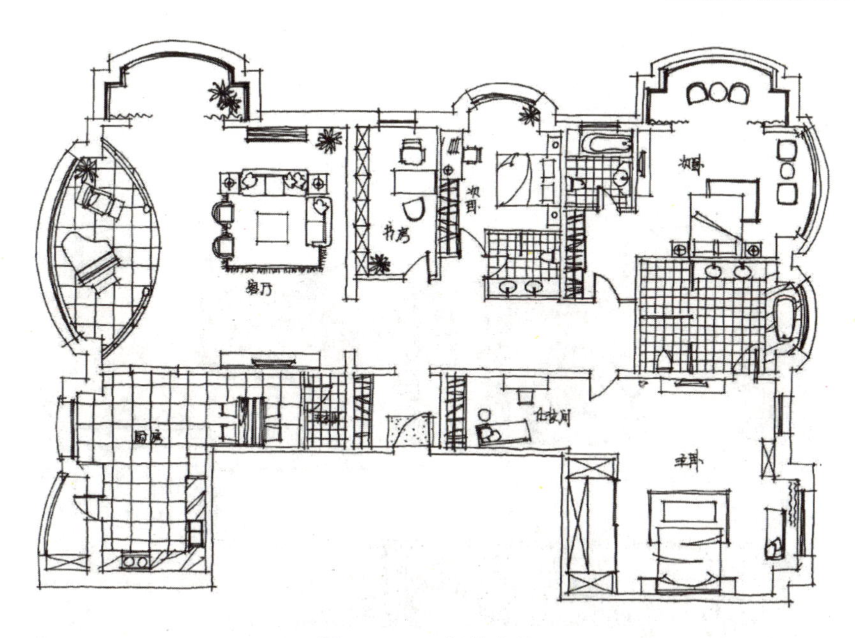

图 2–1–2*a*　钢笔底稿

可用 0.6 针管笔加墙线，用 0.1 针管笔绘制家具、地面材料图案。

2. 彩色铅笔着色（图 2–1–2*b*）

彩色铅笔着色线条要注意照顾光影变化，忌讳没有变化，家具色彩不一定准确表达材质本色，追求色彩协调。

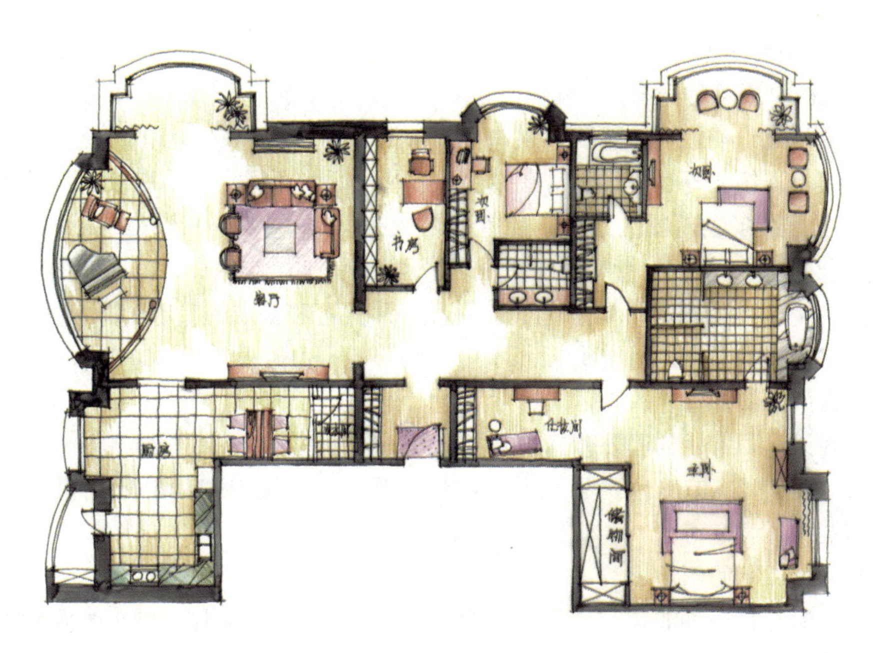

图 2–1–2*b*　彩色铅笔着色

3. 马克笔做明暗（图 2-1-2*c*）

彩色铅笔深入刻画，达到一定深度后，马克笔最后提暗部。尤其在家具等处刻画暗部，使画面凸显立体感。

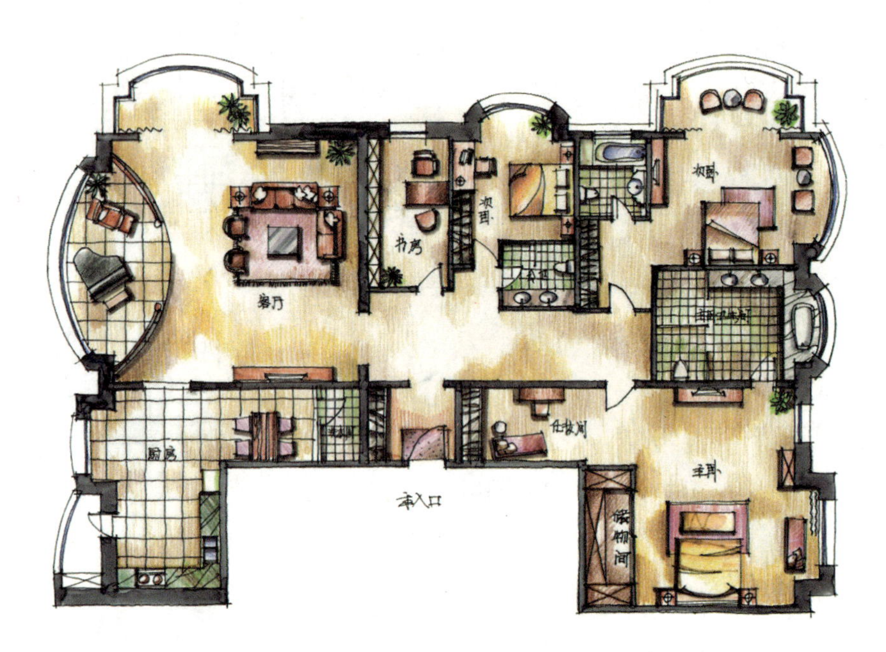

图 2-1-2*c*　家居平面设计构思图　周彤绘

四、相关知识与技能

（一）相关知识

1. 绘图针管笔的选择

笔尖从 0.1 ~ 1.2mm 可以任意选择，常用有加墨水和一次性两种，针管笔绘制出的线条流畅、笔触挺拔、富有弹性、手感很好。可适合徒手和绘制工具线条。尤其是工具线条表现图的绘制，针管笔是所有钢笔中的第一选择。在表现平面、立面、剖面时则要粗细针管笔搭配使用效果才好。添加墨水的针管笔就像钢笔一样，要定期的清洁，否则容易堵塞笔头；而且，针管笔对墨水的要求很高，使用不当就会下水不畅，影响画面质量。

2. 常用绘图针管笔

现在设计师常用的国外针管笔有德国红环针管笔、STAEDTLER 牌一次性针管笔，日本樱花 (SAKURA) 针管笔及一次性针管笔、三菱 (MITUBISHI) 针管笔；国内的有英雄针管笔等。

3. 彩色铅笔使用常识

彩色铅笔是一种非常容易掌握的涂色工具，颜色多种多样，画出来效果较淡，清新简单，可使用橡皮涂改。

（二）相关技能

1. 掌握工具线条绘制平面图的技能

正确使用绘图工具完成图纸绘制。合理安排制图顺序，完成图纸绘制。结合图纸配合手写字体。

2. 掌握彩色铅笔平面着色的基本技能

这里包括彩色铅笔的用色、线条叠加、线条粗细、线条明暗等综合因素（图 2–1–3）。

图 2–1–3　彩色铅笔直线条基本练习

五、拓展与提高

（一）提高绘制徒手线条平面手绘构思图的能力

绘制平面设计构思图是一门技能，分徒手线条和工具线条两种。在完成工具线条手绘构思图的同时，在业余时间完成徒手线条平面构思图的练习与提高（图 2–1–4），使用的钢笔可以多种多样，包括中性笔。

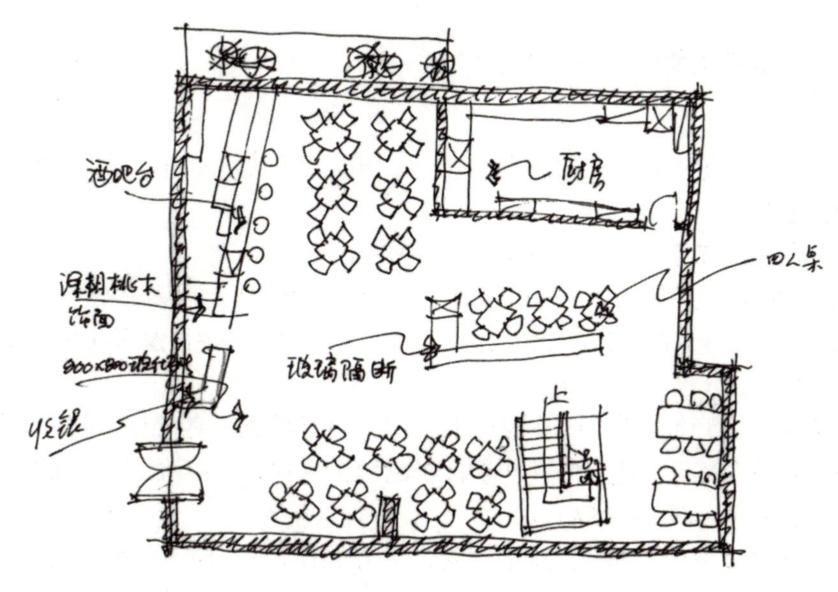

图 2–1–4　徒手线条平面手绘构思图

（二）拓展绘制工具线条建筑装饰施工图的能力

手绘平面设计构思图如果不着色，只画钢笔工具线条，则可以锻炼手绘方案施工图及扩出施工图的能力。

任务二　完成家居客厅空间设计表现图的绘制

一、任务描述

通过设计师对家居平面的功能分析，在完成平面构思图的基础上，完成家居空间设计构思图的绘制工作，根据构思图完成家居客厅空间设计表现图的绘制工作。

二、任务分析

（一）绘图任务工作量分析

家居客厅空间设计表现图主要是设计师在考虑平面布局及空间整体设计构思后，将这种构思绘制在表现图上。一旦构思完成，用在绘图上的时间并不长，专业设计师通常 16 小时就可以完成一个空间的徒手方案设计表现图。所以根据绘图任务工作量的综合分析，本次绘制采用彩色铅笔线条为主的形式，纯绘制时间应该控制在 24 小时内完成。

（二）绘图工具准备分析

参见图 2–1–1。

（三）绘图任务重点难点分析

绘图重点在于图面要完整表达出设计的意图，画面完整、线条流畅、内容丰富，并且图面能有效指导完成建筑装饰施工图的绘制工作。

绘图难点在于线条的流畅与思路的连贯高度统一，画面呈现线条自然流露。

三、方法与步骤

1. 钢笔构图（图 2–1–5*a*）

表现图的钢笔底稿一定要细致，有一定深度。尤其是配饰、灯具、植物等软装饰要绘制到位。

2. 彩色铅笔着色（图 2–1–5*b*）

本表现图的彩色铅笔着色采用精细着色绘制，彩色铅笔笔尖要保持尖细，垂直排线条，并考虑每个着色面的光影变化。本步骤主要完成各界面及家具的着色工作。

3. 配饰绘制（图 2–1–5*c*）

在大面积的顶棚、墙面绘制告一段落后，开始绘制一些配饰及软装饰物品，如台灯、植物及摆设。选用色彩要考虑与整体环境搭调，切不能过分抢眼。

4. 细部刻画（图 2–1–5*d*）

最后要完成地面及部分配饰的绘制，强化光影变化，局部采用马克笔完成光影变化产生的笔触，并加强阴影部分的处理，完成最终绘制工作。

（a）

（b）

（*c*）

（*d*）

图 2-1-5　家居客厅空间设计表现图　周彤绘

四、相关知识与技能

（一）相关知识

完成家居空间设计表现图的绘制需要钢笔作为绘图工具（图 2–1–6）。有些设计师喜欢用针管笔完成绘制任务，其工具已在前面介绍过，下面简介另外几种可以选择的绘制钢笔。

1. 蘸水笔

蘸水笔特别适合钢笔画中深层次的描绘，多用于绘制精细描绘的徒手钢笔表现图。现在使用的蘸水笔有很多种类，包括专业的漫画专用笔，用在绘制钢笔表现图上会取得很好的效果。常用的三种笔尖有：D 笔尖，线条变化不大，适合画建筑线和中景，用这种笔时，下笔要快才会显得干净利落；G 笔尖，线条变化很大，适合画近和柔软的画面，对树木和岩石等自然物也适用；小圆笔尖，线条较细，多用于画建筑的投影线条。

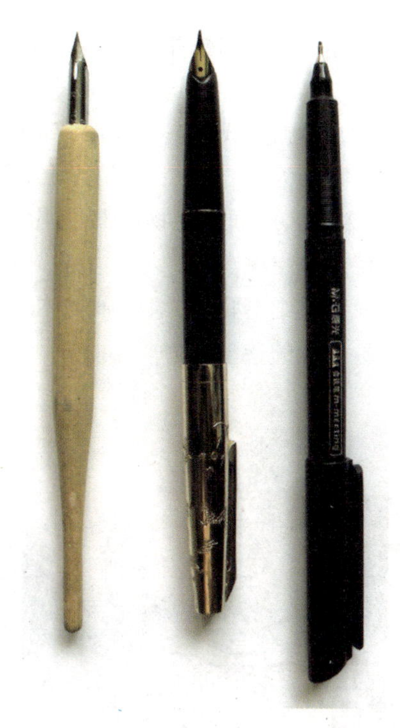

图 2–1–6　可参考使用的钢笔绘图工具

常选用的国外品牌有日本巨匠牌、韩国回忆牌；国内产品有漫天画材漫画专用笔，墨水可选用新概念、漫天画材专用漫画墨水等。

2. 美工笔

美工笔不但适合在硬笔书法中使用，而且在钢笔表现图中也经常用到，但由于美工笔尖是弯尖设计，所以这种笔只适合徒手表现时使用。尤其是在勾画构思草图、室内外写生等场合使用。用美工笔绘制的图线条挺拔、粗线浑厚、细线流畅，用宽笔表现暗部，可使画面黑白对比清晰，立体感强。常用的美工笔可选择英雄牌的美工笔。

3. 中性笔

中性笔是目前国际上流行的一种新颖的书写工具，很多用钢笔的工作现在都被中性笔所取代。中性笔 (GEL INKPEN) 是属于圆珠笔一类的书写工具，由于它的书写介质的黏度介于水性和油性之间所以称为中性笔。它书写流畅、价格适中，并可以更换笔芯，所以现在很多设计师使用中性笔勾画方案草图，使用效果很好。

常用的中性笔品牌有日本 HYBRID 牌，国产品有晨光、爱好等。

（二）相关技能

设计师常接触到的徒手线条表现应该包括速写与设计构思图（草图）两个部分。徒手线条表现是通过单色线条的变化和由线条的轻重疏密组成的黑白调子来表现物体的。

1. 熟练掌握以线为主的徒手线条表现技能

绘制构思草图通常是使用以线为主的徒手线条表现方法。在表现物体的过程中，从结构出发，将物体的形体转折、质感用概括的线条表现出来。它应具备造型严谨、形态自然生动、线条运用得当、整体效果好等特点。它主要通过线条来表达主次关系、空间关系（图 2–1–7）。

2. 熟悉以线为主，线面结合的徒手线条表现方法

以线为主线面结合的速写表现形式，这也是目前速写训练中常用的表现手法（图 2–1–8）。通过对物体部分明暗交界线、暗部及阴影调子的补充添加来表现物体，其特点是层次丰富，表现力强，用笔果断肯定，线条刚劲流畅，黑白调子对比强烈，画面效果细密紧凑，对所画物体既能做精细入微地刻画，也能进行高度的艺术概括，有着较强的造型能力。

图 2–1–7 以线为主的徒手线条速写 佚名

图 2–1–8 以线为主，线面结合的徒手线条速写 （美）奥列佛绘

五、拓展与提高

（一）提高钢笔速写能力

手绘空间设计构思图与钢笔速写有极大的关系，在课余可大量地开展钢笔建筑速写的练习。

（二）拓展钢笔速写知识

钢笔速写一般有三种类型：

（1）素描类：以传统西画素描为主要表现方法，将景物的透视以及明暗表现得非常完美，同时注意虚实的表现；

（2）精细钢笔画：它的特点是精细，比素描表现得更加准确，就是时间比较长，很难在现场写生；

（3）线描白描：它不局限于透视和造型，可以随意夸张形体，用大量的线条表现虚实和前后关系，适合一些艺术创作，很多精美的速写作品本来就是精美的

艺术品的现场创作。

任务三　完成家居主卧室空间设计表现图的绘制

一、任务描述

设计师在完成家居空间方案设计构思图及客厅表现图的基础上，征求有关方面意见，对设计方案进行修改，并完成家居主卧室空间设计表现图的绘制工作。

二、任务分析

（一）绘图任务工作量分析

完成家居主卧室空间设计表现图的绘制，采用与客厅表现图相同的技法，本次采用彩色铅笔着色完成绘制工作，彩铅着色也会呈现各种风格，本次采用垂直线条，精细表达为主完成本次家居空间设计表现图的绘制工作。所以彩铅着色的绘图工作量略大一些，专业设计师通常 12 ~ 16 小时完成一个家居空间设计彩铅表现图的绘制。根据绘图者的深入程度，还可以将时间延时到 20 ~ 24 小时。综合各种因素考虑，本次绘图时间控制在 24 小时之内。

家居空间设计表现图采用 A3 图面绘制表达，一般不宜超过 A2 图纸大小。

（二）绘图工具准备分析

参见参考图 2–1–1。

（三）绘图任务重点难点分析

绘图重点在于图面要完整表达出装修后的效果，构图要反映主要装修界面，着色要与装修效果一致，适当点缀艺术效果。

绘图难点在于彩色铅笔线条的运用以及处理线条组合界面形成的色调效果。

三、方法与步骤

1. 钢笔起稿（图 2–1–9*a*）

同客厅一样，起稿要细致，内容要丰富，陈设品是丰富画面的主要元素。主卧室还要注意床头背景墙要作为画面中心。

2. 界面着色（图 2–1–9*b*）

对顶棚、墙面着色，着色时注意光影变化，本设计设定为晚上卧室环境，主要考虑灯光照明。彩铅着色同样为垂直铺线条，线条细腻。

3. 家具、陈设着色（图 2–1–9*c*）

对床头柜、床、床头背景墙上的装饰部分、植物等部分进行主要彩铅着色，并对窗帘进行细部的刻画，突出落地灯照射产生的效果。

4. 平衡画面、深入刻画（图 2–1–9*d*）

最后绘制地面以及近景处的陈设品，并对画面深入刻画，主要工作是阴影部分要加强，最后还要对地毯花纹，地面倒影加以深化，完成最后效果。

(a)

(b)

（c）

（d）

图 2-1-9　家居主卧室空间设计表现图　周彤绘

四、相关知识与技能

（一）相关知识

1. 彩色铅笔的选择

彩色铅笔从性质上分有油性和水溶性两种(图 2–1–10)。油性彩色铅笔近似蜡笔，可以用溶剂混色；水溶性彩色铅笔属于软质彩色铅笔，可以用水混色。水溶性彩色铅笔在没有蘸水前和油性彩色铅笔的效果是一样的，可是在蘸上水之后就会变成像水彩一样，色彩鲜艳、亮丽、柔和，可以达到柔化笔触的目的。

图 2–1–10　彩色铅笔的选择

质量好的彩色铅笔一般着色容易，用起来手感很好，在选择时要注意彩色铅笔的色彩是不是很正，质量差的彩色铅笔色彩鲜艳程度不够，一般笔芯都比较硬，色彩附着力较差，反复覆盖出现纸面光亮的现象。

2. 常用彩色铅笔

市场上出售的彩色铅笔主要以中国大陆产、中国台湾产、德国产为主，常用的有马可牌、德国辉柏嘉、台湾利百代等众多品牌。这几种品牌使用感受将在后面课程中加以介绍，初学者不妨选择购买，并自己先绘制感受一下使用效果。

3. 相关用纸

彩色铅笔用纸的选择空间也是很大的。一般来说，彩色铅笔适合表面粗糙的纸张，凡是这样的纸张都可以作为绘制彩铅画的用纸，如素描纸、速写纸、制图纸、打印纸等。制图纸、打印纸是属于比较光滑的纸张，只能作为练习之用。一般情况下选用素描纸作为学生练习之用，应该是最经济实惠的。

（二）相关技能

1. 掌握彩色铅笔触绘制技能

在做彩色铅笔表现图的彩铅着色时，主要有两种用笔方法。一种是以面为主，不突出笔触，即使画出了笔触也要用揉色的方法将画面柔和。

另一种方法就是突出彩铅笔触的画法。彩铅笔触虽然不大，但具有极强的表现力。一定在作画的时候控制好笔触，使线条排列方式统一，比如都是直线、斜线、交叉线或者是按照某个方向变化性的排列。这样画出的整个建筑室内外空间就会看上去统一，效果突出。当然不是所有的表现图都必须统一排列笔触线条，在处理不同的画面的时候，也可以根据物体的质感选择不同的笔触。如室外的天空，很多设计师就喜欢用不同方向的笔触画出丰富多彩的云层，但是切记，初学者不要在同一张画上使用太多不同的笔触，否则控制不好画面整体效果。

2. 掌握彩色铅笔着色与混色的技能

彩色铅笔的颜色都是固定的，你不能在调色盘改变它的颜色，但绘图者不是只有着色一个任务，每一张成功的作品还要包括在画面上混色，通过色彩叠加使整个画面显得色彩丰富、变化统一。

在绘画过程中，首先要对画面的色彩有一个统筹的考虑，然后通过对建筑空间、材质、色彩及光影的分析，考虑在画面中的不同位置使用不同的彩色铅笔。通过不同的颜色的穿插，在视觉上产生混色的效果，但要注意色彩过渡要自然、协调，否则会出现色彩很花的弊病。

另外也可以通过用笔的轻重来控制颜色的变化，可在受光的亮部画得轻一点，背光面画得重一些。这样就可以得到画面色彩丰富、立体感强、层次多的效果。

可以说彩色铅笔表现的基本方法和应用技巧是多种多样的，每一位使用者都有自己的绘制习惯，但从画面中体现最多的就是面与笔触、着色与混色这些技巧，而这些技巧和心得是要通过不断的练习得到的（图 2–1–11）。

图 2–1–11　彩色铅笔斜线条基本练习

五、拓展与提高

1. 提高彩色铅笔表现图的表现层次

在绘制较大空间的彩色铅笔表现图时，可在画面边缘地带适当留白，不但可以提高绘制彩铅表现图的效率，而且还可以提高彩色铅笔表现图的层次感，重心感（图 2–1–12）。

2. 拓展绘制彩色铅笔表现施工图的能力

施工图一般是绘制在硫酸纸上的，这样可以复制无数张蓝图。但对于小工程，设计师可以将施工图与彩色铅笔相结合，不但可以保留施工图所具备的全部功能，而且还兼具了效果图的功能，并且这样的施工图还具备一定的艺术表现力（图 2–1–13）。

图 2-1-12　适当留白更能体现彩色铅笔表现图的魅力　郑志勇绘

图 2-1-13　彩色铅笔表现方案施工图　佚名

项目二　采珍集餐饮空间设计表现

在建筑装饰工程中，餐饮空间是很多室内设计师接触较多的空间类型。在餐饮空间设计中，设计师不但要具备餐饮室内空间的设计能力，而且还要有将设计思想手绘到图纸上的能力，即完成构思图的能力，以及完成餐饮空间手绘表现图的能力。

采珍集餐饮空间设计项目任务书

序号	项目内涵	具体说明
1	项目说明	本工程项目是采珍集酒店大堂空间室内装饰设计项目，要求30天完成设计任务
2	项目分析	在项目规定的时间里，需要完成绘制方案构思草图、绘制方案设计表现图等技术环节，最终拿出甲方认可的采珍集酒店大堂空间室内装饰设计方案
3	项目任务分解	1. 工作计划中将工程项目方案设计分成四个阶段完成。 阶段一（10日内）应完成采珍集酒店大堂空间平面设计构思图的构思与绘制工作； 阶段二（10日内）应完成采珍集酒店大堂空间设计构思图的构思与绘制工作； 阶段三（8日内）完成采珍集酒店大堂空间设计方案的设计与绘制工作； 阶段四（2日内）完成文本制作。 2. 手绘工作任务主要在阶段二、阶段三中，本项目分成以下二个任务完成。 任务一（8小时）应完成餐饮空间设计构思图的绘制； 任务二（8小时）应完成餐饮空间设计表现图的绘制
4	项目能力分解	该工程设计项目需要设计师具备一定的餐饮空间室内装饰设计能力、手绘表现能力。本次任务主要以手绘水彩、马克笔表现能力实训为主

任务一 完成餐饮空间设计构思图的绘制

一、任务描述

通过设计师对餐饮空间的功能分析，在完成平面构思图和空间划分的基础上，完成采珍集餐饮空间设计构思图的绘制工作，任务成果是完成餐饮空间方案设计构思图。

二、任务分析

（一）绘图任务工作量分析

在设计师考虑完成平面布局及空间整体构思设计的基础上，开始绘制采珍集餐饮空间设计构思图。

本次绘制设计构思图采用钢笔线条加固体水彩简单着色，主要反映设计方案的整体效果。色彩表现主要反映设计方案的大效果，为今后表现图的整体表现打好基础。

由于采用固体水彩在构思图上着色，可以比一般水彩节省一些时间，专业设计师通常5～6小时可以完成一个方案设计水彩构思图。如果采用一般水彩绘制，则时间会比前者加长约2小时。所以根据绘图任务工作量的综合分析，本次绘制采用固体水彩为主的形式，应该控制在8学时内完成绘图任务。

（二）绘图工具准备分析（图 2–2–1）

中性笔：笔尖 0.3 一支。

固体水彩一盒。

水彩笔五支。

水彩纸 A3 水彩纸速写本。

涮笔杯一个。

图 2–2–1　完成餐饮空间设计构思图的绘图工具

（三）绘图任务重点难点分析

绘图重点在于图面要完整表达出设计的意图，画面反映整体色彩趋势、追求线条流畅。并能进一步指导完成手绘表现图或委托绘图员完成电脑表现图。

绘图难点在于水彩表现技法与设计意图的结合，要做到简洁明快。

三、方法与步骤

本次采珍集餐饮空间设计表现图主要展现大堂的入口、前厅和通道处的设计效果，具体方法与步骤如下：

1. 钢笔起稿（图 2–2–2*a*）

绘制空间思考图应该用笔流畅，与设计思路保持一致。不要局限于某个部位绘图的质量，主要将重点放在设计构思上，这样反而用笔会更加流畅。

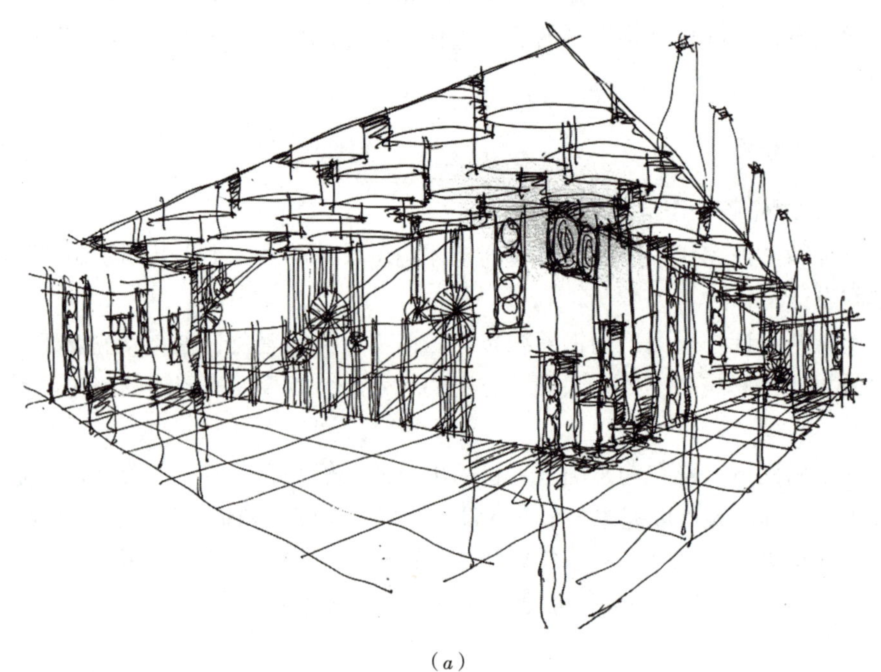

（*a*）

2. 选择材质和色彩（图 2–2–2*b*）

为了贯彻设计思想，需要在设计中将材质和色彩选定，并通过水彩着色，看到设计方案展现的整体效果，这时不是追求表达的深入，而是通过材质和色彩的对比，为最后拿出最佳方案作最好的铺垫。

3. 设计要点及材质标注（图 2–2–2*c*）

构思图在手绘完成设计效果的同时要将设计的要点及对材质的要求或想法标注出来，同样要注意想法的自然流露，处理得当，标注要与画面相辅相成，达到设计构思及图纸表达等多方面的效果要求。

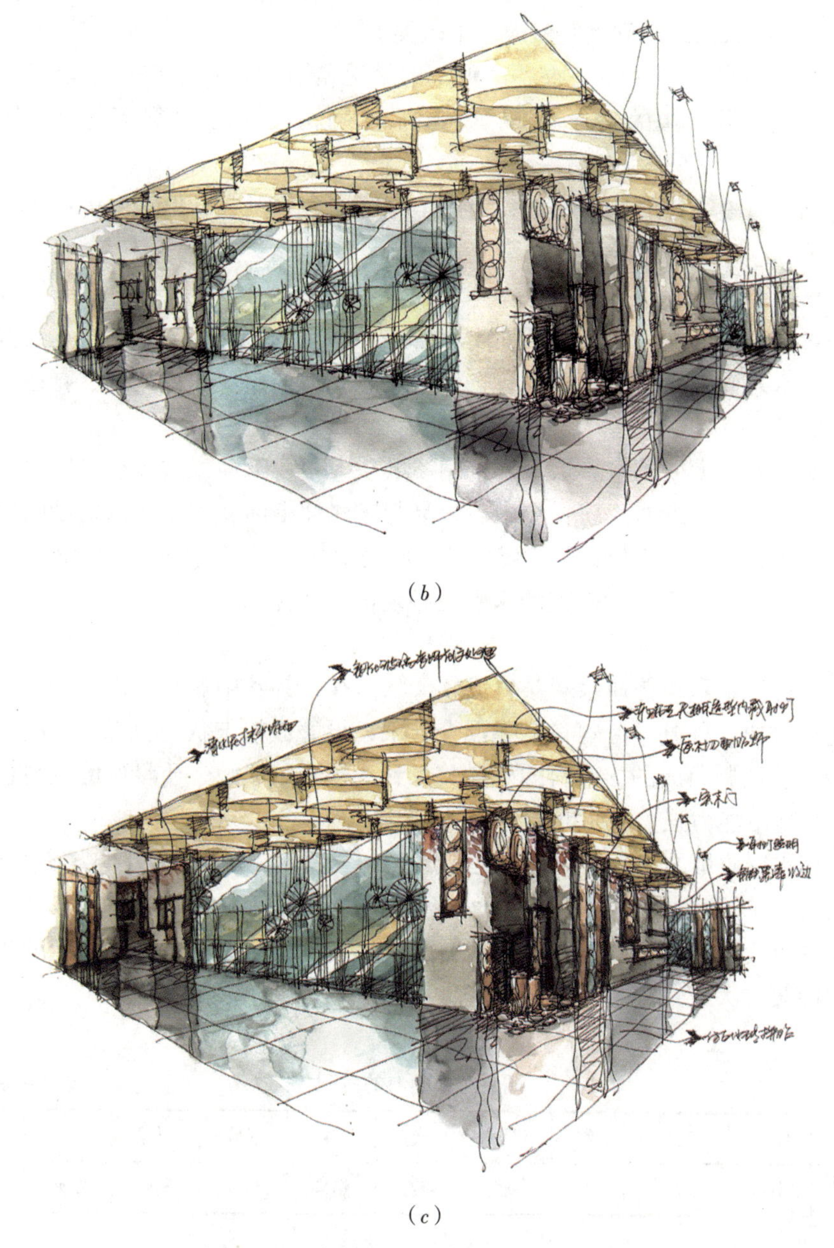

（*b*）

（*c*）

图 2–2–2　餐饮空间设计构思图　李庆江绘

四、相关知识与技能

相关知识

1. 画笔

水彩画笔种类很多，每种笔都有不同的特点和用处。从毛质上分有：羊毫、狼毫、貂毫、狼羊兼毫和尼龙；从形状上看可分：圆形、扁形、尖形；每种笔还有大小号之分。

羊毫笔属于软性毛质，含水量多，用笔变化丰富，用于画面积较大的画面，中国书法中的大白云系列毛笔就属于羊毫类。

狼毫和貂毫属于硬性毛质。这种笔的笔毛富有弹性，主要用来勾线或塑造细部。市场上除专用的狼毫笔外，中国画的兰竹、衣纹、叶筋笔都可以用做水彩笔。

尼龙笔与狼毫笔的性能相似，不如羊毫笔的含水量大，但笔毛弹性大，容易控制。

2. 水彩纸

水彩画纸的种类很多，从纸面纹理看主要有粗纹、细纹、布纹、线纹等。一般来说，水彩画对纸的要求较高，选用时注意质地洁白、硬度适中、着色后显色正常为好。

纸质太松、太薄的水彩纸不要选用。纸质太松，纸面太过吸色，容易使画面变灰，暗淡无色；纸质太薄，用水后容易起皱，使纸面变形。所以对纸的厚度有一定的要求，我国市场上的水彩纸均以克数表示其厚度，有 150 克和 180 克两种，克数大，纸就厚。小于 150 克的水彩纸必须裱画作图。

3. 水彩颜料

（1）普通水彩。普通水彩颜料成软膏状，存在锡管中。它是由矿物质、植物质和化学合成三种基本原料按需要混合起来，再磨成粉末状的色料，最后将这种色料用树胶调制而成的。颜料的好坏关系到一幅画的成败，质量好的颜料色彩强度突出，抗晒能力强，透明度高。

英国水彩质量上乘，色彩细腻无沉淀，比较好用，如英国温莎牛顿牌（Winsor & Newton）、COTMAN 牌等。国内的水彩品牌主要有马利牌、熊猫牌等。

在调色盒里，色彩的排列一般视需要表现对象而定，没有一个固定的排列顺序，但冷暖二大色系应左右分开为好，以免互相影响（表 2-2-1）。

调色盒中颜料的排列　　表 2-2-1

白	淡黄	橘黄	朱红	曙红	土红	生褐	浅绿	翠绿	群青	普蓝
柠檬黄	中黄	土黄	大红	深红	赭石	熟褐	粉绿	湖蓝	钴蓝	黑

（2）固体水彩。固体水彩是指水彩颜料以固体的形式存放，呈圆形或方形粉饼状。这种水彩颜料有携带方便、使用方便的特点。使用者省去了对水彩颜料易干结的担心，随时打开随时就可以做画，特别适合设计师一边思考一边做画的习惯，尤其对绘制方案思考图更有益处，所以这种固体水彩也为现代建筑设计师所钟爱。

五、拓展与提高

提高应用水彩绘制效果表现图的能力。由于本次方案采用固体水彩绘制设计构思图，固体水彩具有携带、使用方便，着色快，适合现代设计师的工作节奏的特点。但固体水彩也有表现画面深度不够，内涵不丰富等方面的短处，所以固体水彩更适合表现构思图。

如果要用水彩绘制效果图，还需要采用普通水彩绘制。因为普通水彩色彩更加丰富，具有调色效果更加突出的特点，而且价格适中，可以绘制出深度适宜，内容丰富的效果表现图。随着学习的不断加深，后面还有水彩绘制效果图的讲解，这里不过多陈述。

任务二　完成餐饮空间设计表现图的绘制

一、任务描述

设计师在构思图绘制完成后，已经宣告对餐饮空间的构思完成，在征求有关方面意见后，开始采珍集餐饮空间设计表现图的绘制工作，用以征得甲方的认可。本次任务成果是完成采珍集餐饮空间设计表现图。

二、任务分析

（一）绘图任务工作量分析

本次绘制采珍集餐饮空间设计表现图采用马克笔着色，主要反映设计方案在装修完成后的整体效果。在表现图反映整体效果的基础上，可以在画面艺术力上多下功夫。

由于采用马克笔着色，绘图上没有湿作业，可以省一些时间，专业设计师通常 5 ~ 6 小时可以完成。如果精细刻画则时间可能加长一些，所以本次绘图应该控制在 8 小时内完成绘图任务。

图 2-2-3　完成餐饮空间设计表现图的绘图工具

（二）绘图工具准备分析（图 2-2-3）

铅　笔：选用中华 2H 铅笔。

中性笔：笔尖 0.3 一支。

马克笔：韩国 touch 牌马克笔二十支。

纸：A3 马克笔用纸一张。

（三）绘图任务重点难点分析

绘图重点在于图面要完整表达出装修后的效果，处理好画面中马克笔线条与各个界面整体效果的关系。

绘图难点在于马克笔熟练使用的问题，马克笔线条流畅是关键。

三、方法与步骤

1. 钢笔起稿（图 2-2-4*a*）

综合构思方案，完成最后正式表现图绘制。钢笔起稿要注意细节，尽量将方案考虑得细致些。钢笔线条要流畅，可徒手也可以借助直尺，注意透视的准确性，争取表达出建成后的效果。

2. 马克笔着色（图 2-2-4*b*）

着色时首先考虑主要界面，如顶棚、墙面及地面。马克笔线条可选择垂直

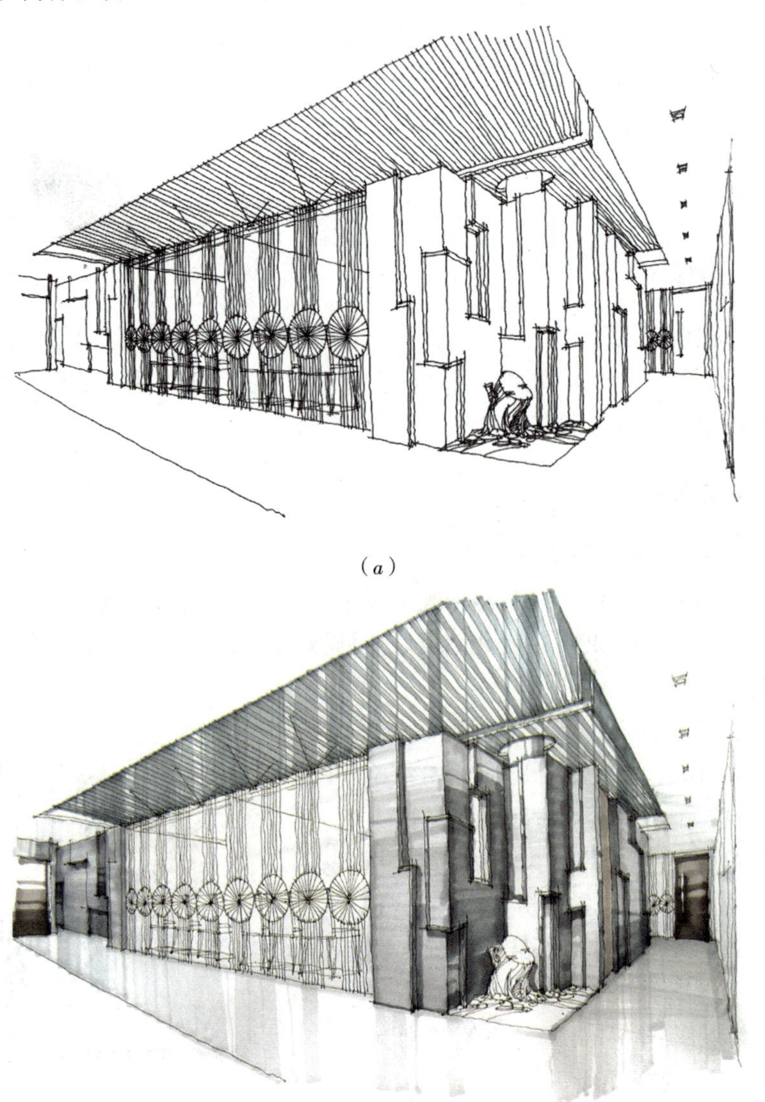

（*a*）

（*b*）

排列，绘制时要统筹考虑每个界面的光影变化，以及反光程度，分别绘制出渐变或倒影的效果。绘图中对笔触的掌握与观察空间的能力是画好表现图的关键。

3. 部分材质及陈设品的绘制（图 2-2-4*c*）

在整体界面绘制到一定深度后，开始绘制玻璃门以及陈设品。玻璃门追求整体效果，并力求反映通透性；陈设品做出本色，并分出明暗。

4. 整体绘制加细部刻画（图 2-2-4*d*）

首先注意整体空间的明暗关系，适当加深暗部的深度，强调明暗对比；其次完成各个界面之间的色彩关系，做到色彩相互影响；最后要刻画界面、陈设中的细部，使之融入整个空间环境之中。

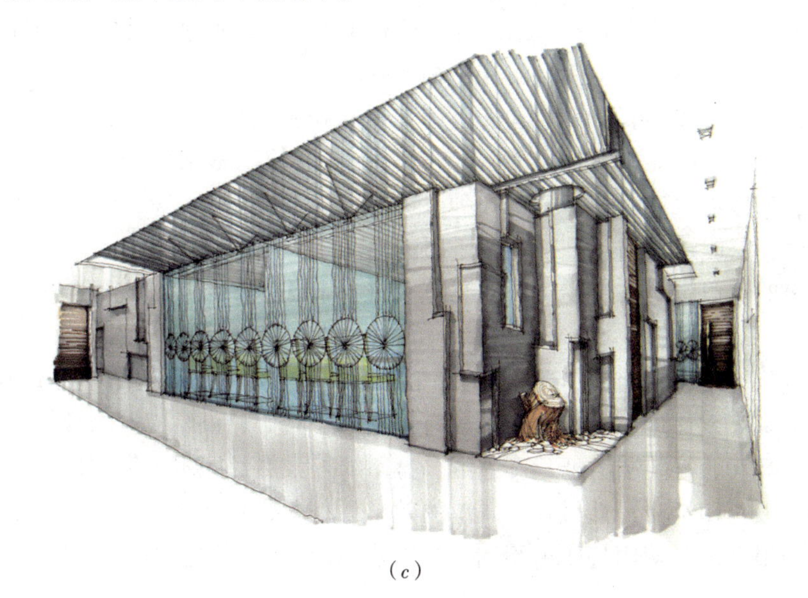

（*c*）

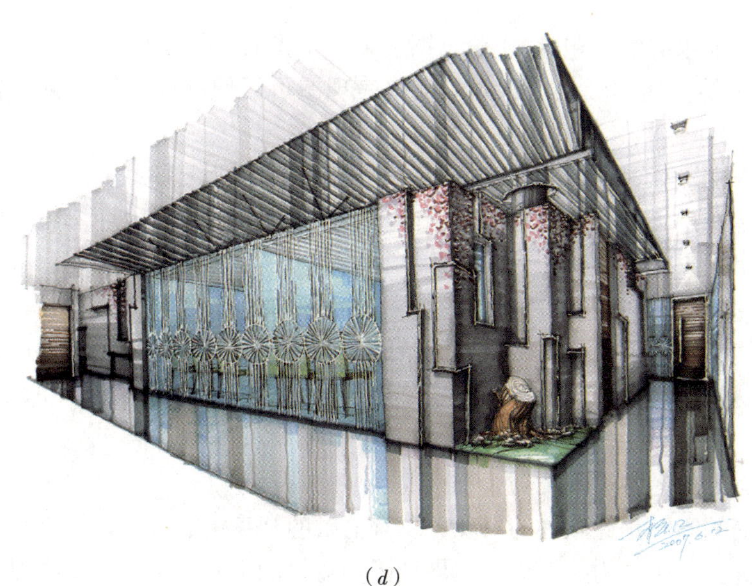

（*d*）

图 2-2-4　餐饮空间设计表现图　李庆江绘

四、相关知识与技能

（一）相关知识

由于马克笔的底稿可是徒手线条也可是工具线条，所以做底稿可用钢笔、针管笔、中性笔、美工笔等多种类型的笔，可结合本教材钢笔表现图部分所讲解的各种笔的特性使用。

1. 马克笔

（1）水性笔：以单尖为主，笔尖较窄。使用时容易划纸，尤其在用力时可带下纸屑，所以应配合厚一些的纸使用。水性马克笔颜色亮丽、清澈、透明感强。

（2）油性笔：笔尖分宽、细两种，色相丰富，分冷暖灰色系列。油性马克笔快干、耐水、色彩艳丽，而且耐光性相当好。

现在市场上常用的有美国三福牌（Sanford）、韩国 touch 牌、日本美辉牌（marvy）、日本 copic 牌等，每种马克笔都有自己的色彩系列，笔杆、笔尖等粗细不一，所以在选用时要多试用几种。

另外，完成一幅马克笔表现图所用的马克笔大约在二十支左右，初学者在选购马克笔时可以暂选二十支，在对马克笔有一定认识后再追加选购。

2. 马克笔用纸

马克笔用纸十分讲究，纸的选择相当重要。马克笔对纸的适应性是较强的，一般的纸都可以使用，但表现效果各有不同。

（1）吸水的纸。制图纸、彩色纸、打印纸等虽然都吸水，但画出的效果则各自不同。以打印纸吸水性最强，画出的效果可以柔化线条的边缘，本书中的马克笔表现图很多都是使用打印纸绘制，可以达到经济、实用、方便的目的，效果也是很不错的。

（2）不吸水的纸。包括: 卡纸、铜板纸、硫酸纸、水彩纸、彩色喷墨打印纸、马克笔用纸等。用不吸水的纸画马克笔表现图可以使画面更加细腻，表现更加深入。

一般来说，草图练习或设计思考图可以选取用工程复印纸，画表现效果图可选用马克笔专用纸。注意马克笔表现图不宜用表面粗糙的纸和色彩太暗的纸。

（二）相关技能

1. 马克笔表现图底稿表现技法

钢笔线条可徒手，也可做工具线条表现。钢笔底稿的质量关系到最终表现效果的好坏，钢笔底稿可以不像彩色铅笔那样画得很细，但透视形体和线条的质量非常重要。

2. 马克笔的笔触表现技巧

马克笔的笔触是此画种的灵魂，没有笔触的马克笔表现图就没有马克笔的特点，也就失去了生命力。下面图示展现了马克笔的笔触特点，也是学习马克笔表现图必备的技能之一（图 2-2-5）。

图 2-2-5　马克笔的笔触　　　　图 2-2-6　马克笔的层次

3. 马克笔的层次表现技巧

在室内空间表现中，为了表达空间的进深感，真实空间的光影变化，需要用马克笔绘制出界面的层次。如：单纯色系渐深练习，同类色系渐深练习，近似色系渐深练习（图 2-2-6）。

五、拓展与提高

（一）提高应用工具线条绘制马克笔效果图的能力

虽然本次方案采用徒手绘制钢笔底稿，但借助直尺完成钢笔底稿，也可以取得良好的绘图效果，不妨在其他工程设计中采用。

（二）拓展马克笔与其他笔种配合使用完成效果图的能力

马克笔绘制效果图可以取得很好的效果，但如果与彩色铅笔等画笔配合使用则可以在画面上扬长避短，获取最佳的表现效果。

项目三　伊春林都宾馆大堂空间设计表现

在建筑装饰工程中，宾馆大堂空间设计空间规模较大，设计较难把握，表现图表现场面比较大。这种空间类型室内设计师接触较少。在宾馆大堂空间设计中，设计师要理解宾馆大堂室内空间的功能组成，提高设计能力，只有这样才能完成构思图的绘制，并最终完成宾馆大堂空间室内设计的手绘表现图的绘制工作。

伊春林都宾馆大堂空间设计项目任务书

序号	项目内涵	具体说明
1	项目说明	本工程项目是伊春林都宾馆大堂空间室内设计项目，要求 40 日内完成设计任务
2	项目分析	在项目规定的时间里，需要完成绘制方案草图、绘制方案正式表现图等技术环节，最终拿出甲方认可的伊春林都宾馆大堂空间室内设计方案

续表

序号	项目内涵	具体说明
3	项目任务分解	1. 工作计划中将工程项目方案设计分成四个阶段完成： 阶段一（15 日内）应完成伊春林都宾馆大堂平面设计构思图的构思与绘制工作； 阶段二（15 日内）应完成伊春林都宾馆大堂空间设计构思图的构思与绘制工作； 阶段三（8 日内）完成伊春林都宾馆大堂空间设计方案的设计与绘制工作； 阶段四（2 日内）完成文本制作。 2. 手绘工作任务主要在阶段二和阶段三中，本项目需完成宾馆大堂空间构思图及手绘表现图的绘制工作任务。 任务一（4 小时）应完成宾馆大堂空间设计构思图的绘制。 任务二（36 小时）应完成宾馆大堂空间室内设计表现图的绘制
4	项目能力分解	手绘表现能力。本次任务主要以彩色铅笔手绘表现能力实训为主

任务一　完成宾馆大堂空间设计构思图的绘制

一、任务描述

设计师在接到伊春林都宾馆大堂空间设计任务后，需认真研究招标书所要求内容，同时去工程项目现场实地考察、测绘，并征求甲方关于宾馆大堂的设计意见后，广泛研究各种设计资料，开始思考伊春林都宾馆大堂空间设计方案。思考的过程中不断完成思考图的绘制工作，经过反复思考、推敲、征求意见，完成最终构思图的绘制工作，所以本次任务成果就是完成伊春林都宾馆大堂空间设计定稿构思图的绘制。

二、任务分析

（一）绘图任务工作量分析

本次绘制伊春林都宾馆大堂空间设计构思图主要采用钢笔线条完成构思工作，构思图主要反映宾馆大堂装修的大致风格、文化以及装修主材。由于大堂设计构思过程会绘制很多草图，思考过程会较长，但绘制时间并不会很长，本次选择的是定稿构思图的绘制过程，专业设计师通常 1~2 个小时可以绘制完成伊春林都宾馆大堂空间设计构思图。考虑到以上综合因素，本次绘图任务时间应该控制在 4 小时内完成绘图任务。

（二）绘图工具准备分析

中性笔：笔尖 0.3 一支。

纸：A3 速写本。

（三）绘图任务重点难点分析

绘图重点要突出表达装修风格，不用突出细节，并用文字标注等方式完成主材的构思。

绘图难点在于该空间场面比较大，整体风格如何保持一致，以及钢笔线条保持流畅，落位准确。

三、方法与步骤

1. 钢笔起透视控制线（图 2-3-1*a*）

绘制场面比较大的室内空间，可以考虑五个面的二点透视图，这样可以在图面上反映出较全的界面。另外不要过多考虑线条的运用，主要任务是表达该室内空间的设计风格和内涵。画完透视界面后，勾画出顶棚设计的整体构思。

2. 完成墙面的设计构思（图 2-3-1*b*）

考虑到定稿方案选用欧陆风格，墙面采用仿欧柱式。在绘制技法上要注意柱式自身的比例关系，柱式之间的透视距离。线条表达要随心所欲、自由放松，绘制时最好将构思放到第一位上，线条随思路而生成。

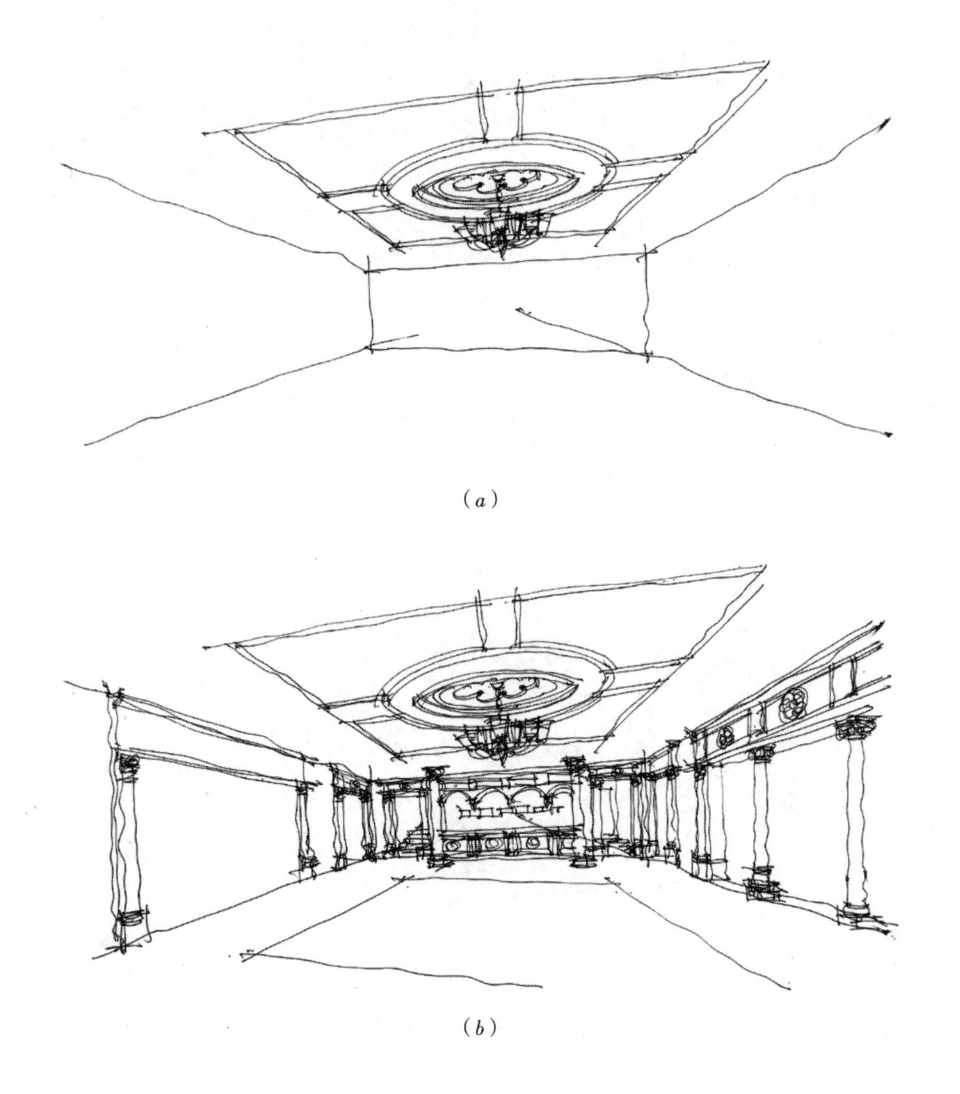

（*a*）

（*b*）

3. 完成地面及细节的绘制（图 2-3-1*c*）

地面造型考虑与顶棚造型呼应、对位。设计考虑在地面中心处做地拼花，四周做岗岩斜拼，外圈深色岗石。在绘制上深色岗石用线条加密，并在适当的地面处用线条做倒影。墙面和顶棚都要完成细节的设计和绘制工作，注意没有细节的设计，画面就会显得很空旷。

4. 完成配景及主材的设计绘制工作（图 2-3-1*d*）

在适当的地方可以绘制一些植物等配景，然后考虑标注出各个界面的主材。材料引线要流畅，标注材料的位置要与整个画面的构图相协调、均衡。

（*c*）

（*d*）

图 2-3-1　宾馆大堂空间室内设计构思图　李庆江绘

任务二　完成宾馆大堂空间设计表现图的绘制

一、任务描述

设计师在绘制完成伊春林都宾馆大堂空间设计构思图后，经过征求有关方面（主要是甲乙方及设计师）意见后，开始完成伊春林都宾馆大堂空间设计表现图的绘制工作，作为正式设计文件征得甲方的认可。所以本次任务成果是完成伊春林都宾馆大堂空间设计表现图。

二、任务分析

（一）绘图任务工作量分析

本次绘制伊春林都宾馆大堂空间设计表现图主要采用彩铅辅以马克笔着色，主要反映宾馆大堂在装修完成后的整体效果。由于采用彩铅精细着色，绘图速度较慢，专业设计师通常 24 小时可以完成，综合各种因素考虑，本次绘图时间应该控制在 36 小时内。

（二）绘图工具准备分析（参见图 2–2–3）

铅　笔：可选用中华 2H 铅笔。

中性笔：笔尖 0.3 一支。

马克笔：20 支 touch 牌马克笔。

彩色铅笔：辉柏嘉 48 色一盒。

纸：A3 马克笔用纸一张。

（三）绘图任务重点难点分析

绘图重点在于突出表达装修后的艺术效果，处理好彩铅与马克笔线条配合的整体效果。

绘图难点在于该空间场面比较大，不易掌控画面整体效果。

三、方法与步骤

1. 钢笔起稿（图 2–3–2*a*）

由于宾馆大堂场面较大，绘制时不好把握，本次起稿采用工具线条，即采用丁字尺、三角板等工具绘制。这样线条比较好掌握，且同样可以画出流畅的线条。起稿时要注意陈设品等都要仔细绘出，而且要搭配合理。

2. 界面着色（图 2–3–2*b*）

界面采用彩铅着色，色彩选用暖色调，墙面彩铅着色时要注意灯光的变化，这样墙面变化丰富，画面才变得灵活。由于地面设计比较复杂，所以本步骤就对地拼花进行初步的着色，并对家具进行了第一遍着色。

3. 界面二次着色（图 2–3–2*c*）

为了把大场面界面色彩丰富的变化表现出来，开始进行界面二次着色，观察色彩变化倾向，选择彩铅绘制，并将灯光的渐变绘制出来，地面部分对深色材料进行加重。

4. 整体修改、刻画（图 2–3–2*d*）

基本色彩已经铺设完毕，本步骤开始选用马克笔对各个界面加一些笔触，使表现图变得更加生动。同时将陈设品如植物、墙画、台灯等进一步刻画，最后整体修改，完成表现图绘制工作。

（*a*）

（*b*）

(c)

(d)

图 2-3-2 宾馆大堂空间室内设计表现图 张鸿勋绘

四、相关知识与技能

(一) 相关知识

1. 笔芯的削法

彩色铅笔笔芯的削法可以影响到其笔触的运用，所以选择画笔削法很重要。削铅笔机虽然能削得又快又好，但画出来的线条过于统一，缺乏变化；用刀子削，可以使笔尖长短适宜，才能画出有味道的线条及笔触。

2. 常用彩色铅笔使用体会

每个人对彩色铅笔的使用体会完全不一样，下面介绍市场上常见彩色铅笔的使用感觉：

辉柏嘉，手感比较硬，但是颜色很正，水溶性也还可以，也很耐用。

中华，笔芯比较硬，手感一般，但经济实惠。

马可，笔芯比较软，不特别耐用，价位适中。

施德楼（STAEDTLER），德国品牌。水溶性彩色铅笔。与普通彩色铅笔相比，其质地更细腻，且不易折断。

酷喜乐（KOH-I-NOOR），捷克品牌，其水溶性彩色铅笔铅芯是同类产品中较粗的，经久耐用，性价比高。

3. 马克笔灰系列

马克笔灰系列的应用可以加强画面的真实性和立体感，使画面不会过于艳丽，色彩纯度过高。以韩国 touch 牌马克笔为例，其灰系列有 CG 冷灰系列、WG 暖灰系列、GG 绿灰系列、BG 蓝灰系列等，只有比较各种灰系列后才能在所绘制的建筑空间中恰当使用。

（二）相关技能

马克笔与彩色铅笔结合，可以将彩铅的细致着色与马克笔的粗狂笔风相结合，增强画面的立体效果。

1. 在绘制墙面光影变化时互相结合绘制

马克笔的笔触是特点，但绘制大面积墙地面，界面光影过渡要求渐变时，最好采用马克笔与彩色铅笔相结合的绘制方法（图 2-3-3）。

2. 在马克笔绘制灯光过渡较为困难时互相结合绘制（图 2-3-4）

图 2-3-3　马克笔与彩色铅笔结合绘制墙面

图 2-3-4　马克笔与彩色铅笔结合绘制灯光过渡

在绘制灯光光影渐变时，需要彩色铅笔配合使用。

3. 在绘制小构件或配饰时互相结合绘制（图 2–3–5）

由于马克笔用色有限，很难做到色彩过渡，就需要用彩铅绘制。如绘制植物叶片，电视机屏幕等。

图 2–3–5　马克笔与彩铅结合绘制小构件

五、拓展与提高

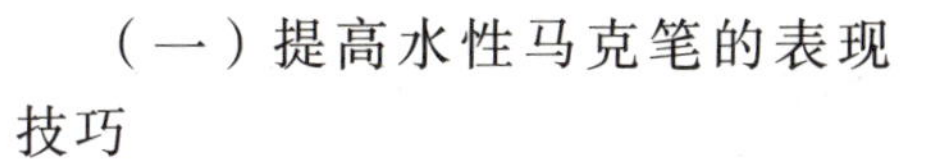

（一）提高水性马克笔的表现技巧

水性马克笔通常用于在较紧密的卡纸或铜版纸上作画。与油性马克笔相比水性马克笔在绘制表现图时更不好把握，其一是笔尖宽度小，画大幅图纸有困难；其二是笔触交会处容易加深，使效果难把握；其三水性马克笔不易重叠画，颜色多次覆盖以后会变灰还容易伤纸。

水性马克笔的色彩饱和度虽然比油性马克笔要差，但不同颜色上的叠加效果非常好。水性马克笔颜料可溶于水，绘制表现图时，其特点是色彩鲜亮且笔触界线明晰；和水彩笔结合用又有淡彩的效果。用蘸水的笔在图面涂抹的话，效果跟水彩一样。

（二）拓展用马克笔在硫酸纸上作图的技能

可以利用颜色在干燥之前有调和的余地，产生出水彩画退晕的效果；还可以利用硫酸纸半透明的效果，在纸的背面用马克笔作渲染。

（三）提高水溶性彩色铅笔的使用技巧

用水溶性彩色铅笔画好后，使用毛笔蘸水后轻涂，可产生富于变化的色彩效果。颜色混合使用，可形成很好的颜色过渡和色彩效果，产生像水彩一样的效果，可以媲美水彩画技法。

项目四　哈尔滨保利别墅建筑设计表现

在建筑工程中，别墅建筑是面积较小、造型多样的小型建筑。随着高档住宅的不断建设发展，很多建筑设计师越来越多地接触这种类型的建筑设计任务。在别墅建筑设计中，设计师要理解完善平面功能组成，为用户提供居住舒适、安全、可持续发展的居住建筑。同室内装饰设计一样，设计师要完成平面构思，造型构思，最后完成别墅建筑设计表现图的绘制工作。

哈尔滨保利别墅建筑设计项目任务书

序号	项目内涵	具体说明
1	项目说明	本工程项目是哈尔滨保利双联别墅单体建筑设计项目，30日内完成设计任务
2	项目分析	在项目规定的时间里，需要完成绘制别墅平面方案草图、绘制方案设计构思图、绘制方案正式图等技术环节，最终拿出甲方认可的哈尔滨保利双联别墅单体建筑设计方案
3	项目任务分解	1. 工作计划中将工程项目方案设计分成四个阶段完成。 阶段一（10日内）应完成保利双联别墅单体建筑平面设计构思图的构思与绘制工作； 阶段二（10日内）应完成保利双联别墅单体建筑设计构思图的构思与绘制工作； 阶段三（8日内）完成保利双联别墅单体建筑设计方案的设计与绘制工作； 阶段四（2日内）完成文本制作。 2. 手绘工作任务主要在阶段二、阶段三中，本项目需完成二个手绘工作任务。 任务一（4小时）完成一个保利双联别墅单体建筑设计构思图的绘制； 任务二（24小时）完成保利双联别墅单体建筑设计表现图的绘制
4	项目能力分解	该工程设计项目需要设计师具备较强的别墅建筑设计能力、手绘表现能力。本次任务主要以钢笔、水彩手绘表现能力实训为主

任务一　完成别墅建筑设计构思图的绘制

一、任务描述

设计师在完成别墅建筑平面设计，并征求有关专家意见后，通过对别墅风格的分析、思考后，完成别墅建筑设计的构思方案，完成后的构思方案用以征得各方的意见。本次任务成果是完成保利双联别墅单体建筑设计构思图。

二、任务分析

（一）绘图任务工作量分析

本次别墅建筑设计的方案构思图，采用钢笔图解思考，最后完成构思方案。构思图大致反映别墅建筑造型、材料色彩以及建筑轮廓。为下一步同行交流和深化表现图服务。

由于采用钢笔图解思考，思考时间长，但绘制时间不会太长，专业设计师通常1～2小时可以完成别墅建筑设计构思图。所以本次绘图应该控制在4小时内完成。

（二）绘图工具准备分析

中性笔：笔尖0.3一支。

纸：A3速写本纸张一张。

（三）绘图任务重点难点分析

绘图重点在于别墅建筑设计图解思考过程。

绘图难点在于大脑思考与钢笔绘制是否能够达到高度的统一。

三、方法与步骤

1. 建筑构思（图 2–4–1*a*）

别墅的构思首先要从建筑本身入手，考虑双联别墅的体量，形体对比，然后考虑建筑的有关细节。手绘技法方面,要注意线条的流畅性和建筑透视的准确性。

2. 整体造型（图 2–4–1*b*）

完成体量的修改，光影的深化，将建筑造型完整绘出。然后可对建筑环境进行简单设计，完成整体造型感受的深化，为进一步深化打下基础。

（*a*）

（*b*）

图 2–4–1　别墅建筑设计构思图　李庆江绘

四、相关知识与技能

（一）相关知识

成功绘制建筑构思图，有两个要素。一是优秀的设计方案，二是设计师扎实的建筑速写功底。通过对设计师的建筑速写分析，可以总结出建筑速写的风格种类有以下四种常见形式：

图 2-4-2 线条挺拔、建筑师风格 陈新生绘

1. 线条挺拔、建筑师风格

很多建筑师在绘制钢笔画时，习惯线条挺直，交线相互搭接，甚至搭接很大。这种风格使建筑物棱角分明，画面充满阳刚之气（图 2-4-2）。

2. 线条圆柔、线描风格

该风格是以单线的形式，将物体的轮廓、结构概括成线，有时配以装饰线条。线条委婉，表现略有夸张，主要传递物体的特征和神态。此法近似中国画中的“白描”（图 2-4-3）。

3. 线条密排、素描风格

此种钢笔表现能够深入刻画物体本身的明暗关系，使物体立体关系明确，适合较细钢笔尖的应用。但由于表现比较深入，所以用时相对就会更长一些（图 2-4-4）。

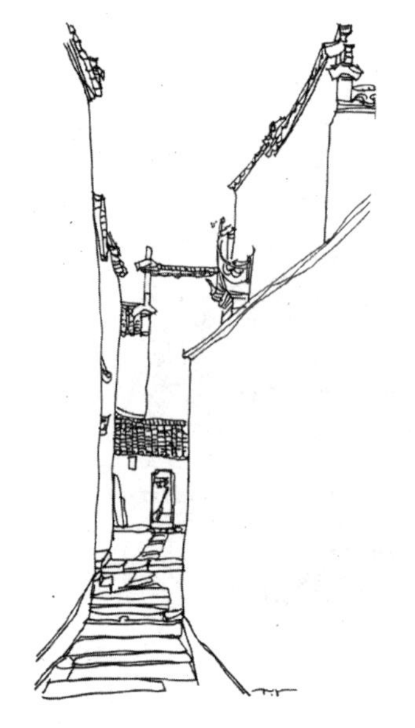

图 2-4-3 线条圆柔、线描风格 田阳绘

图 2-4-4 线条密排、素描风格 谢尘绘

4. 明暗对比、美工笔风格

很多设计师善于用美工笔速写，通常的画面明暗对比强烈，容易反映出高光下的物体状态。画面有深度感，背景简明却很浓重（图 2–4–5）。

图 2–4–5　明暗对比、美工笔风格　周红雷绘

（二）相关技能

1. 以线条挺拔、建筑师风格为主速写的技巧

要想掌握这种风格的速写技巧，主要要从这几个方面入手：（1）线条要挺直；（2）线条相交要有搭接；（3）有些配景可以适当装饰化。

2. 以线条密排、素描风格为主速写的技巧

这种风格的速写技巧主要从这几个方面入手练习：（1）线条要细；（2）做明暗的线条不用太长，可以交叉使用；（3）注意物体整体的明暗关系。

五、拓展与提高

（一）提高铅笔表现技法的能力

铅笔速写首先考虑的是铅笔。铅笔有软硬、粗细之分，有普通铅笔和速写专用铅笔，其中，速写专用铅笔有特制的铅芯，其特点是书写流畅，层次变化丰富，既可画出扁阔的线条，侧锋也可画细线条，粗细结合，可以使画面变化丰富。

（二）拓展速写知识

速写通常包括单人速写、场景速写、创意速写等。

1. 单人速写

单人速写又有静态速写与动态速写之分。静态速写指在一段时间内相对静止不动的动态，如男女青年站姿或者坐姿、看书等。可以训练对人物整体结构的把握能力和表现能力。动态速写有规则性动态和不规则性动态两种，规则性动态速写是指绘画对象进行规律性地重复运动的动态。如拍篮球这一动态，主要是速写对象基本的位置不变，只是局部处于循环往复的运动动态；又如跑步的动态，主要是速写对象整体所做的规律性动作。不规则性动态速写是指那些重复动作较少的动态。如打球、舞蹈等动作，要画好这些动态对于学生来说是比较困难的，因此，学习之余还要多关注生活，随时随地留意观察生活中人物的各种动态特征。

2. 场景速写

场景速写是各类速写的集成，它包括了人物速写、动物速写、动态速写、道

具速写、风景速写等诸多速写的表现形式。场景速写的表现方法也囊括了所有速写的表现技术。场景速写的作画步骤更加自由，内容可以无限制地添加，道具可以任意挪动，背景可以根据需要变换。场景速写需要更强的整体控制能力和局部刻画能力，需要更高的组织安排能力和对美感形式的把握。画好场景速写是进行艺术创作的前提条件。

3. 创意速写

顾名思义是一种快速的、有感觉有想法的写生方法，有绘制构思草图的意思。创意速写同素描一样，不但是造型艺术的基础，也是一种独立的艺术形式。

任务二　完成别墅建筑设计表现图的绘制

一、任务描述

设计师绘制保利双联别墅单体建筑设计构思图后，在征求有关方面意见后，开始保利双联别墅单体建筑设计表现图的绘制工作，作为正式设计文件参与投标或征得甲方的认可。所以本次任务成果是完成保利双联别墅单体建筑设计表现图。

二、任务分析

（一）绘图任务工作量分析

本次绘制保利双联别墅单体建筑设计表现图主要采用水彩表现，选择最好的建筑角度，反映保利双联别墅单体建筑建成后在环境中的整体效果。由于采用水彩着色，绘图速度略慢一些，专业设计师通常 8 ~ 10 小时可以完成，所以本次绘图时间应该控制在 24 小时内。

（二）绘图工具准备分析

铅　笔：可选用中华 2H 铅笔

中性笔：笔尖 0.3 一支。

固体水彩一盒。

水彩笔五支。

水彩纸：A3 水彩纸速写本。

涮笔杯一个。

（三）绘图任务重点难点分析

绘图重点在于用水彩表达出装修后的艺术造型,用水彩的轻盈表达出建筑的厚重。

绘图难点在于水彩画需要调和使用，掌握调和出可心的色彩的方法。

三、方法与步骤

1. 钢笔起稿（图 2–4–6*a*）

在线稿阶段根据水彩透明的特点，线条要完整，透视要准确。此外水彩可以进行丰富的色彩过渡，起稿时应该给水彩上色留出其发挥的空间。

（*a*）

2. 初步上色（图 2-4-6*b*）

在此阶段以灰色调区分建筑物明暗关系，将画面的大体关系敲定下来。同时适当考虑暗面颜色的冷暖及过渡，通常物体的明暗转折区域的暗面边缘为最重，冷暖关系则可以以物体的远近区分。

（*b*）

3. 整体着色（图 2-4-6*c*）

此阶段进行建筑及配景的全面上色。通常以物体的固有色为主，同时通过颜色的深浅区分物体的明暗关系。适当考虑颜色冷暖及物体投影。画面中所有物体明暗及投影都应遵循统一的关系，其颜色也不应从画面中跳出来，遵循局部服从整体的原则。此外应充分发挥水彩良好的过渡性和透亮性，不应反复叠色将颜色画脏，违背水彩的特点。

（*c*）

（*d*）

图 2-4-6　别墅建筑设计表现图　李庆江绘

4. 整体刻画（图 2-4-6*d*）

此时进入到全面刻画阶段，将画面细节全面深入描绘。深入内容应包括材质：如墙面肌理，玻璃反射等；局部物体的明暗：如窗框投影等。同时在这一部分应用颜色及深入的程度区分物体的远近，拉开图面的近景、中景及远景的关系，使图面的视觉冲击力加强，主景突出。最后完成本次表现图的绘制工作。

四、相关知识与技能

（一）相关知识

水彩表现之前要充分认识水彩特点，它需要用水来调和，颜色透明，画面灵动、富于流动性，能够充分表现设计师的想法和意境。

1. 水彩的透明性

保持水彩的透明度，是画好表现图的重要一步。一般来说各种颜料的透明程度是不一样的，植物性颜料透明度好，矿物质颜料透明性差。调色时要想获得好的透明效果，要尽量避免同透明性差的颜料混合。

水彩透明效果还与水的稀释有关。水将色彩的深度降低，调色时水愈多，色彩就愈薄，也就愈透明。另外，调色时颜色种类过多，或补色相调，着色时叠色次数过多，或用吸水性强的纸等，都是造成色彩透明效果差的原因。

2. 色彩的耐久性

色彩中的三原色：红、黄、蓝，以及翠绿、熟褐、土黄、群青等，一般不会退色，有很强的耐久性，而滕黄、紫红、玫瑰红、暗绿等耐久性稍差，并有褪色现象，做画时为了使画面的色彩保持稳定，最好用基本色耐久性好的颜料调出相关的色彩。

3. 黑、白色的运用

表现图中的黑色的运用是很重要的，如果调色时加太多黑色容易使色彩失去透明的效果变得污浊，暗部、阴影的色彩必须用黑色时，一定要掌握黑色与色调的比例。可用普兰加深红或深褐加群青等来代替黑色的作用。这样就可起到既能重下去又透明的效果。

为了发挥色彩的透明效果，在表现图中尽量不用白色，而表现对象的颜色透明，主要是用水稀释颜色，高光处应留出白纸作为最亮的地方。

（二）相关技能

水彩的笔触表现技巧是水彩表现图的关键点之一。

笔在纸上运动会出现笔痕，就是我们通常所说的笔触。从笔触可以看出作画时的笔法。画纸的粗细，画笔的硬软，运笔的快慢，根据物体的结构，笔法变化多端，有点有线，刚柔渴润，从表现物象的形与色出发，恰当地用笔增强塑造性和画面生动性。 水彩画面积较大的涂色，水分的渗化将笔触隐没，趁湿重置色彩笔触感觉含蓄，较干时作画则笔触清晰可见。着色过程中一刻也离不开用笔，越是接近完成用笔越重要，其笔触不再被覆盖，暴露无遗地展现给欣赏者。

五、拓展与提高

（一）提高裱纸技能

水彩画是以水为媒介调色的画种。纸遇水就要起皱，为了避免这种现象，一般将纸裱起来用。裱的方法是先将纸均匀刷上水，让其充分涨开，时间不能太短，太短纸没有充分涨开，但也不能太长，太长纸的纤维会被破坏，大约 20 分钟左右为宜。然后将边缘用布擦净，在纸背面四边抹以白胶即可，或用水胶带固定四边，应注意的是将整张画纸润湿时，一定要用冷水，不要用热水，一定要注意的是让纸的边缘先干，如果中间先干就会发生崩纸的现象（图 2–4–7*a*、*b*、*c*、*d*）。

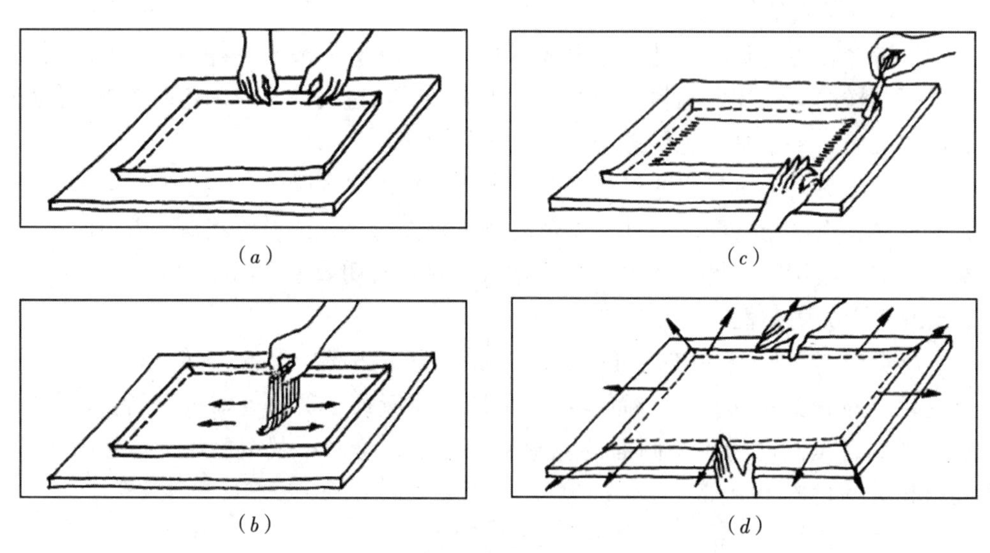

图 2–4–7　裱纸技能

（二）拓展水彩渲染技能

水彩渲染是表现建筑室内外空间的基本技法之一。虽然现在受到一些冷落，但作为非常有生命力的技法，仍然为很多建筑设计师所衷爱。

1. 水彩渲染图的准备工作

（1）做小样和底稿。水彩渲染一般都应该做小样，以确定整个画面的总体色调。水彩渲染的底稿必须清晰。做底稿的铅笔要用 H、HB 等稍硬的，但不宜过硬。

（2）准备好颜料。注意在渲染前要一次调足颜料，否则再次调配时可能引起色彩偏差。在调沉淀的颜料时要注意搅拌好，调好后略等一会后，等颗粒沉淀后再进行渲染，避免在图纸上沉淀。

（3）准备好裱过的水彩纸。

2. 水彩渲染的技法

（1）基本运笔方法。水平运笔法：用大号笔做水平移动，适宜大面积渲染；

垂直运笔法：上下运笔的长度不宜过长，并做水平移动，适宜小面积渲染；环形运笔法：常用于退晕渲染，环形运笔时笔触起搅拌作用，使色彩有柔和的渐变过程。

（2）渲染方法介绍。在较大面积的渲染中，要注意使用以下的三种的渲染方法。平涂法：表现受光均匀的平面；退晕法：表现受光强度不均匀的面或曲面；叠加法：表现需要细致刻画的曲面。

（3）水彩渲染的步骤

①定基调、铺底色

主要是确定画面的总体色调和各个主要部位的底色。为取得画面色调的协调，可以将主体色调淡淡地平涂在整个画面上。这样在细部铺色时能使各个色彩显得更加统一。

②分层次、作体积

在这一步骤中，主要是渲染光影，光影做的好，层次拉的开，建筑物室内外的空间才出的来。建筑物的阴影最能表现层次和衬托体积，作阴影时要考虑和暗部一起着色，且阴影本身要考虑退晕。

③细刻画、求统一

在画面分层次的基础上，对画面表现的空间层次，建筑体积、材料质感和光影变化做深入细致的描写。细化部分要服从整体形态和空间层次。

④画配景、衬主体

画配景时要注意不要画的过于突出，喧宾夺主会使画面不协调。配景的渲染色彩要简洁，形象要简练，用笔不易过碎。

项目五　哈尔滨利民开发区行政中心广场园林景观设计表现

很多从事建筑工程设计的设计师，经常能够参与园林景观方面的设计任务。景观设计中主要设计要素包括水环境、地形、植被、气候等。当然也要经过平面功能构思图、景观节点构思图到正式图的设计过程。本次园林景观工程项目是设计师了解园林景观设计的很好的机会，希望以此为今后开展园林景观设计，尤其是开展这方面的手绘工作打下一个良好的基础。

哈尔滨利民开发区行政中心广场园林景观设计项目任务书

序号	项目内涵	具体说明
1	项目说明	本工程项目是行政中心广场园林景观设计项目，30 日内完成设计任务
2	项目分析	在项目规定的时间里，需要完成绘制平面方案草图、绘制景观节点构思图、绘制方案正式图等技术环节，最终拿出甲方认可的行政中心广场园林景观设计方案

续表

序号	项目内涵	具体说明
3	项目任务分解	1. 工作计划中将工程项目方案设计分成四个阶段完成。 阶段一（8 日内）应完成行政中心广场园林景观平面设计构思图的绘制； 阶段二（10 日内）应完成行政中心广场园林景观节点设计构思图的绘制。 阶段三（10 日内）完成行政中心广场园林景观设计方案（阶段三由电脑设计员绘制完成，此处不展现）； 阶段四（2 日内）完成文本制作。 2. 手绘工作任务主要在阶段一、阶段二中，本项目需完成二个手绘工作任务。 任务一（8 小时）应完成行政中心广场园林景观平面设计构思图的绘制； 任务二（16 小时）应完成行政中心广场园林景观节点设计构思图的绘制
4	项目能力分解	该工程设计项目需要设计师具备较强的园林景观设计能力、手绘表现能力。本次任务主要以彩铅手绘表现能力实训为主

任务一　完成园林景观设计平面构思图的绘制

一、任务描述

在 8 日内完成对哈尔滨利民开发区行政中心广场园林景观设计的平面功能分析与思考，并将平面创意方案通过平面构思图的形式表达出来，并用以征得各方的意见。本次任务成果是完成行政中心广场园林景观设计平面构思图。

二、任务分析

（一）绘图任务工作量分析

在设计师考虑完成园林景观设计平面功能及艺术创意构思的基础上，开始绘制行政中心广场园林景观设计平面构思图。

本次绘制设计构思图采用钢笔线条加彩色铅笔简单着色，主要反映设计方案的功能布局、结构组成、光影关系以及平面整体效果。色彩表现也非常重要，虽然只是主要表达设计方案的大效果，但应该表达出植物的组合特点。

对于面积不大的园林景观构思图，且采用彩色铅笔着色，专业设计师通常 4 ~ 6 小时可以完成构思图的绘制工作。所以根据绘图任务工作量的综合分析，本次绘图任务应该控制在 8 小时内完成。

（二）绘图工具准备分析

铅　笔：选用中华 2H 铅笔。

中性笔：笔尖 0.3 一支。

彩色铅笔：辉柏嘉牌 48 色水溶彩铅一盒。

素描纸：A3 素描纸一张。

（三）绘图任务重点难点分析

绘图重点在于图面要完整表达出设计的意图，画面反映整体园林植物色彩，通过光影变化反映出地面设计高差，并能进一步指导完成节点构思图或委托绘图员完成电脑表现图。

绘图难点在于植物及各种配景与小品建筑之间的效果表达。

三、方法与步骤

1. 钢笔线稿（图 2–5–1*a*）

线稿阶段需对图面使用功能进行色调计划，计划好色彩的趋向。在墨线的疏密方面应考虑与颜色之间的关系。

2. 初步上色（图 2–5–1*b*）

在初步上色阶段应着重以区分规划区域为主要目的，色彩以各区域固有色为主，可为图面效果进行适当夸张或减弱，不要因为单个物体的绘制而干扰了整体。在大面积颜色的绘制上应把物体的边缘加重，以把该面积“撑”起来。如水面，广场等。此阶段不应对某个物体绘制得过分深入。

3. 全面刻画（图 2–5–1c）

为了突出物体的高度应加重对物体投影的刻画，而我们使用的彩色铅笔一般很难画重，这也是彩色铅笔的弱点。我们可以选用一两只马克笔作为绘制物体投影的工具，同时亦应注意投影的方向和长度。也可以用一些浅灰色的马克笔作为彩色铅笔的“柔化剂”进行调解。最后反复调整直至满意为止。

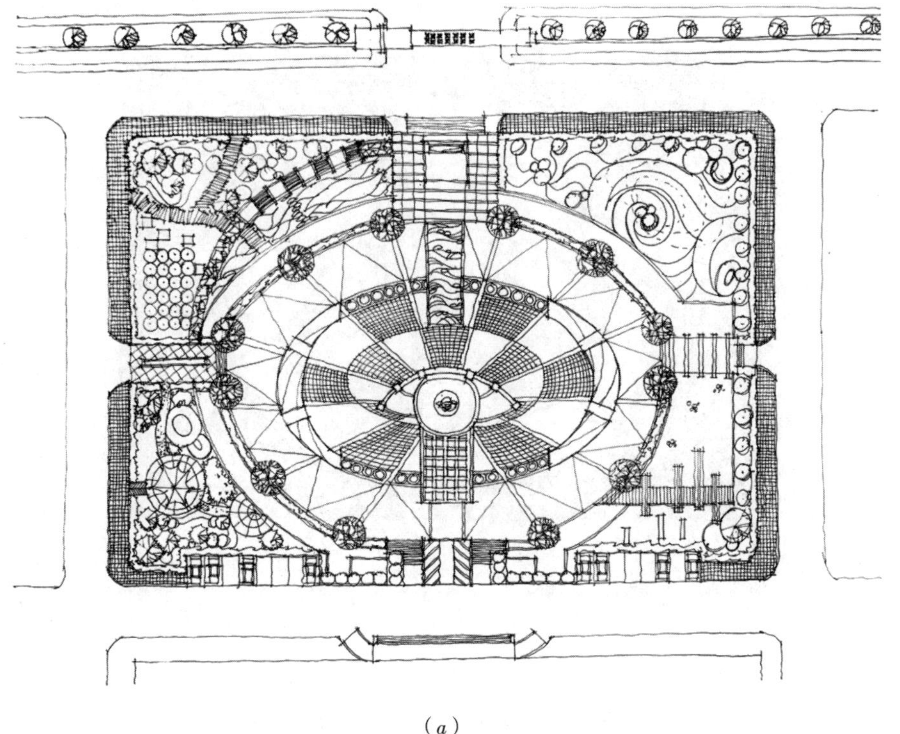

（*a*）

（b）

（c）

图 2-5-1　园林景观节点设计构思图　李庆江绘

四、相关知识与技能

（一）相关知识

园林景观设计平面构思图的设计步骤。

（1）基地分析：对场地的地形、地貌、风向、生物、水流、建筑等基本场地条件进行分析；

（2）设计规划：根据基地分析和设计周期制订计划；

（3）功能图解：也称气泡图，是对场地内的大体功能的划分；

（4）初步方案设计：进一步明确设计意图并落实到图纸上；

（5）确定最终方案。

（二）相关技能

1. 钢笔的园林景观平面表现技巧（图 2-5-2）

注意乔木的平面表现技巧。乔木适当通透反映地面情况。注意草地的表现技巧。不要在地面上全部表现，这样会死板，适当留白。

2. 彩色铅笔的植物平面表现技巧

着色要在不同的景观元素中展开，但要注意有选择的重点部位的着色，并考虑画面整体效果。

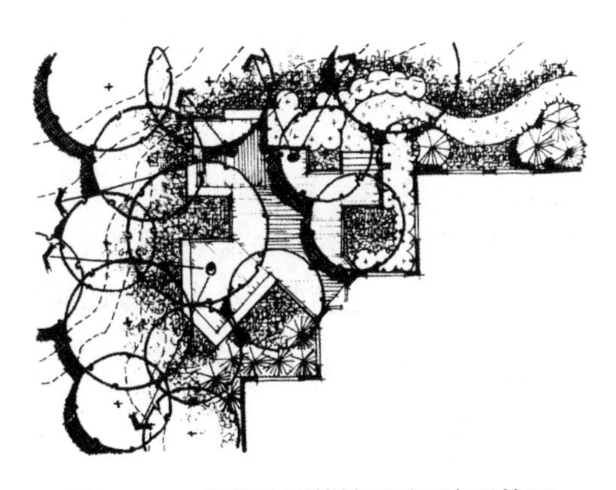

图 2-5-2　钢笔的园林景观平面表现技巧

五、拓展与提高

提高园林景观手绘施工图的表现技巧。园林景观手绘施工图是艺术与技术的共同载体，承载着技术施工与艺术鉴赏两个方面的含义。

任务二　完成园林景观设计节点构思图的绘制

一、任务描述

在完成哈尔滨利民开发区行政中心广场园林景观设计平面构思图后，计划在 10 日内完成园林景观设计节点构思图的构思与绘制工作。本次任务成果是完成行政中心广场园林景观设计节点构思图的绘制工作。

二、任务分析

（一）绘图任务工作量分析

在设计师考虑和完成园林景观设计平面功能分析及平面构思图的基础上，开始构思和绘制行政中心广场园林景观设计节点构思图。

本次绘制园林景观设计节点构思图主要采用钢笔线条加彩色铅笔、马克笔综合着色,主要反映设计方案中的景观设计节点的整体效果。表现节点的不同特点,以及小品风格的轻盈。

不同的园林景观构思图，园林景观设计节点的数量也不一致。但每个节点手绘时间不会太长，专业设计师通常 2 ~ 4 小时可以完成一个节点构思图的绘制工作。本次选取二个节点绘制，所以根据绘图任务工作量的综合分析，本次绘制采用色彩铅笔为主、马克笔为辅的形式，本次绘图任务应该控制在 16 小时内完成，即每个节点 8 小时。

（二）绘图工具准备分析

铅　笔：选用中华 2H 铅笔。

中性笔：笔尖 0.3 一支。

彩色铅笔：辉柏嘉牌 48 色水溶彩铅一盒。

素描纸：A3 素描纸一张。

马克笔：10 支 touch 牌马克笔。

（三）绘图任务重点难点分析

绘图重点在于图面要完整表达出节点的设计特点。

绘图难点在于植物及各种配景的综合表达。

三、方法与步骤

1. 钢笔起稿（图 2-5-3*a*）

钢笔线稿表现应相对详细，尤其近景及主体物。适当对物体的明暗关系进行描绘，注意线型的组织和疏密。认真勾画植物的形态，不可认为上色可以掩盖一

(*a*)

切，钢笔线稿的效果是奠定最终效果的基石。

2. 全面着色（图 2-5-3*b*）

此阶段需完成景观建筑及配景的着色工作。选择好物体的固有色，并对其重点着色，主要注意彩色铅笔技法的运用，彩色铅笔上调子要有规律，做好线条的铺垫，处理好迎光面明度的渐变。配景着色要适当考虑色彩冷暖的变化，重点观

（*b*）

（*c*）

图 2-5-3　园林景观节点设计构思图　李庆江绘

察范图中几种冷暖不同绿色彩色铅笔的运用。

3. 全面刻画（图 2–5–3*c*）

在全面刻画阶段，主要在物体色彩渐变均匀程度、远处配景、各种景观立体感上多加推敲，细部刻画更能体现一个设计师观察物体的深入程度。本方案绘制中更注意色彩丰富，对比，但整体画面又很统一，加之阴影、倒影的运用，使画面更加鲜亮，层次更加分明。

四、相关知识与技能

（一）相关知识

了解景观手绘的观察方法，熟悉园林景观的绘图特点。

1. 光影观察

表现空间的各界面及物体在光照下的光亮强度。灯光的光线能够让我们辨别物象的形状，产生明暗的对比，能与其他物体分离，并使画面光彩照人。光照的强弱变化和色彩变化，调节着空间的气氛。

2. 景观材质

常见的材质有：石材、木材、金属、植被、玻璃等。不同的材料形成不同的表面肌理，给人造成不同的心理感受。

3. 景观轮廓

轮廓不仅要反映出对象各部分的正确位置，还应该反映出对象的基本结构和主要的形体特征。

（二）相关技能

1. 彩色铅笔的室外表现技巧

注意建筑场景的刻画中，彩色铅笔线条的运用不要过于死板，排列手法不要单一，另外要注意彩色铅笔着色中的色彩变化（图 2–5–4）。

图 2–5–4　彩色铅笔的室外表现技巧　谢尘绘

2. 彩色铅笔的植物表现技巧

植物表现是景观设计表现中的重中之重。注意树木枝干、树叶、丛树的形体和色彩表现形式。画树首先要有整体概念。注意不要拼凑，免得画面支离破碎。其次塑造树木的立体效果，不要画得平板。注意树枝的左右关系的同时，还要注意枝干的前后穿插关系。

五、拓展与提高

（一）拓展建筑场景快速表现技巧

学习建筑场景快速表现可以为今后的方案设计打好手绘基础，可以在提高建筑场景快速表现能力的同时，汲取建筑艺术的素养和文脉，为提高设计能力打下良好的基础。

（二）提高配景的手绘表现技巧

1. 人物的表现

在建筑及景观设计中，人物配景可以起到画龙点睛的作用。人物的色彩应该成为画面色调的调和和补充，也可以使画面生动，衬托建筑的尺度。画人物时要注意人物动态、画面气氛、服饰与季节等因素。

2. 交通工具的表现

交通工具的种类很多，如汽车、火车、摩托车、自行车以及船、飞机等。交通工具可以烘托气氛，暗示建筑功能。绘制交通工具时要注意观察该种交通工具的自身比例关系，注意时尚性，勾画结构时可从简单的几何形体入手。

3. 云与水的表现

刻画云彩时可用彩铅线条的排列组织云彩的体积，用色彩表现云彩的冷暖关系，一般情况下，天空往往都留白，对天空云彩只做局部刻画以表现天高云淡的效果。

水的形态分静态和动态两种。平静的水面如镜子一般，影映物体，物体在倒影中的表象如一个方向相反的剪影，在表现时一般用垂直方向的平行线或平行方向的垂直线。水体倒影所用线的长短，要根据所表现对象的形来定，水平方向的水平线，一定要和地平线平行，否则水看起来是倾斜的。流动的水要依据水的走势和波纹的状态来表现，线的长短、组织的疏密，要随水势、水形而获得，尽量用自由随意的线。

第三篇　技能标准收录篇

标准一　表现图的各种材质及陈设表现

1. 人物

图 3–1–1　人物

2. 交通工具

图 3-1-2　交通工具

3. 植物绿化

图 3-1-3　植物绿化

4. 室内家具及陈设

图 3-1-4　室内家具及陈设　李宏　周彤绘

标准二　建筑手绘表现图作品欣赏

图 3-2-1　钢笔环境表现图　周彤绘

图 3-2-2　钢笔建筑表现图　周彤绘

图 3–2–3　钢笔环境表现图　周彤绘

图 3–2–4　钢笔建筑表现图　周彤绘

图 3-2-5 钢笔建筑表现图 周彤绘

图 3-2-6　钢笔建筑表现图　周彤绘

图 3-2-7　钢笔建筑表现图　周彤绘

图 3-2-8　钢笔建筑表现图　周彤绘

图 3-2-9　钢笔建筑表现图　周彤绘

图 3-2-10 钢笔建筑表现图 周彤绘

图 3-2-11 钢笔建筑表现图 周彤绘

图 3-2-12　钢笔建筑室内表现图　周彤绘

图 3-2-13　钢笔建筑室内表现图　李庆江绘

图 3-2-14　钢笔建筑室内表现图　李庆江绘

图 3-2-15　钢笔室内表现图　李庆江绘

图 3-2-16　彩铅建筑立面表现图　李庆江绘

图 3-2-17　彩铅建筑立面表现图　李庆江绘

图 3-2-18　彩铅景观立面表现图　李庆江绘

图 3-2-19　彩铅景观立面表现图　李庆江绘

图 3-2-20　彩铅小品景观表现图　李庆江绘

图 3-2-21　彩铅小品景观表现图　李庆江绘

图 3-2-22　彩铅中央大街表现图　李宏绘

图 3-2-23　彩铅建筑表现图　陶然绘

图 3-2-24　彩铅建筑表现图　陶然绘

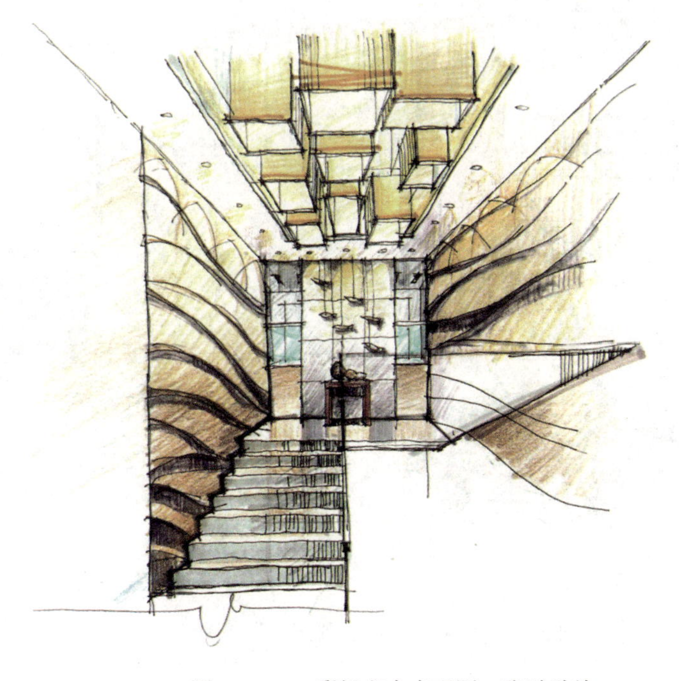

图 3-2-25　彩铅室内表现图　张鸿勋绘

图 3-2-26 彩铅室内表现图 张鸿勋绘

图 3-2-27　彩铅室内表现图　张鸿勋绘

图 3-2-28　彩铅卧室表现图　周彤绘

图 3-2-29　彩铅客厅表现图　周彤绘

图 3-2-30 彩铅书房表现图 周彤绘

图 3-2-31 彩铅卧室表现图 周彤绘

图 3-2-32 彩铅卫生间表现图 周彤绘

图 3-2-33 彩铅水彩洗浴空间表现图 王兆明绘

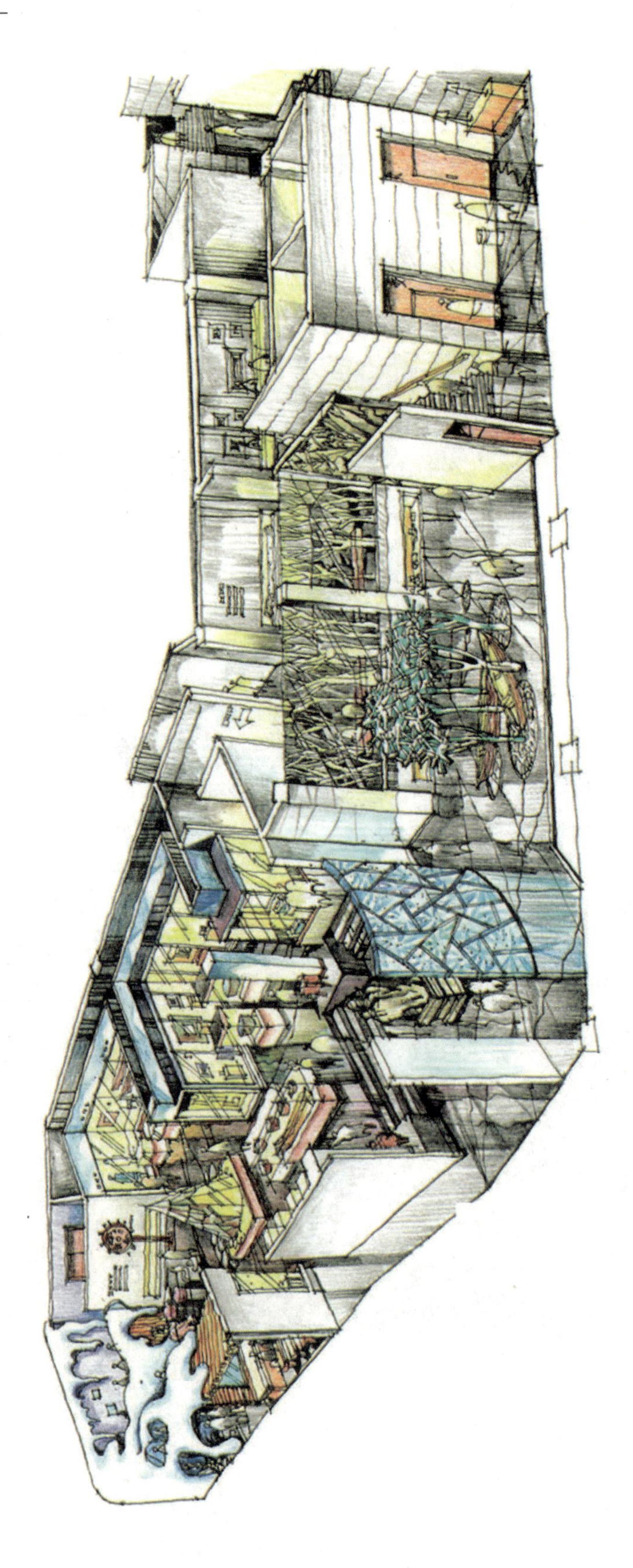

图 3-2-34　彩铅俯视表现图　王兆明绘

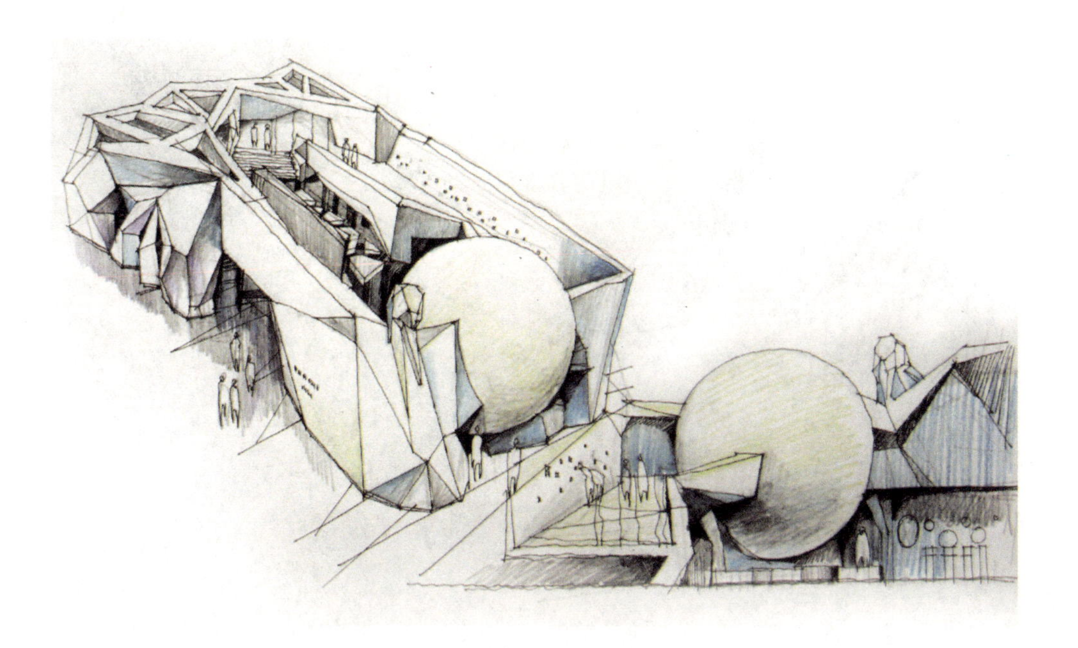

图 3-2-35　彩铅娱乐空间表现图　王兆明绘

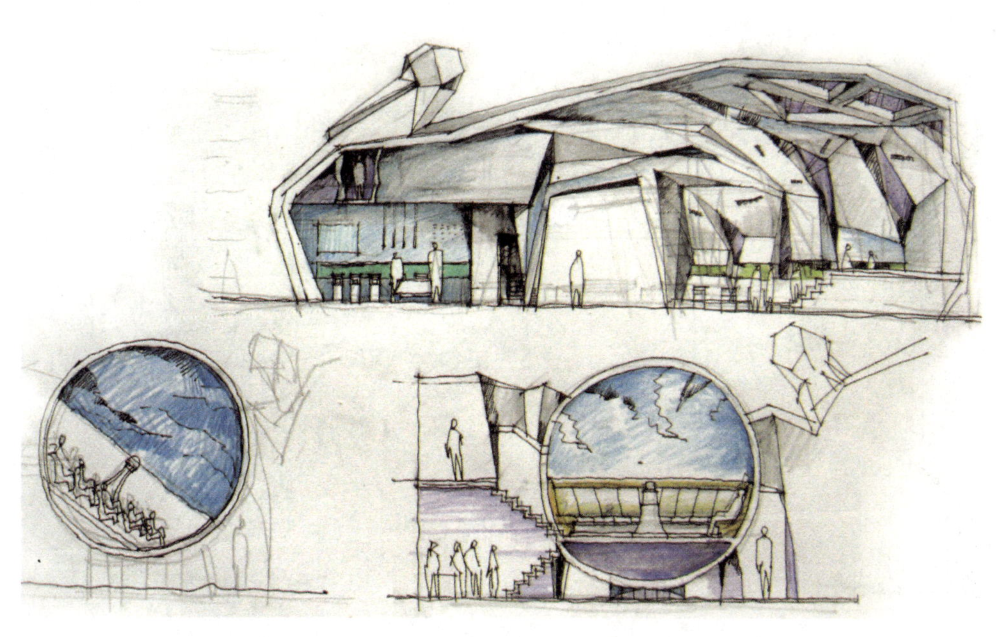

图 3-2-36　彩铅娱乐空间剖立面表现图　王兆明绘

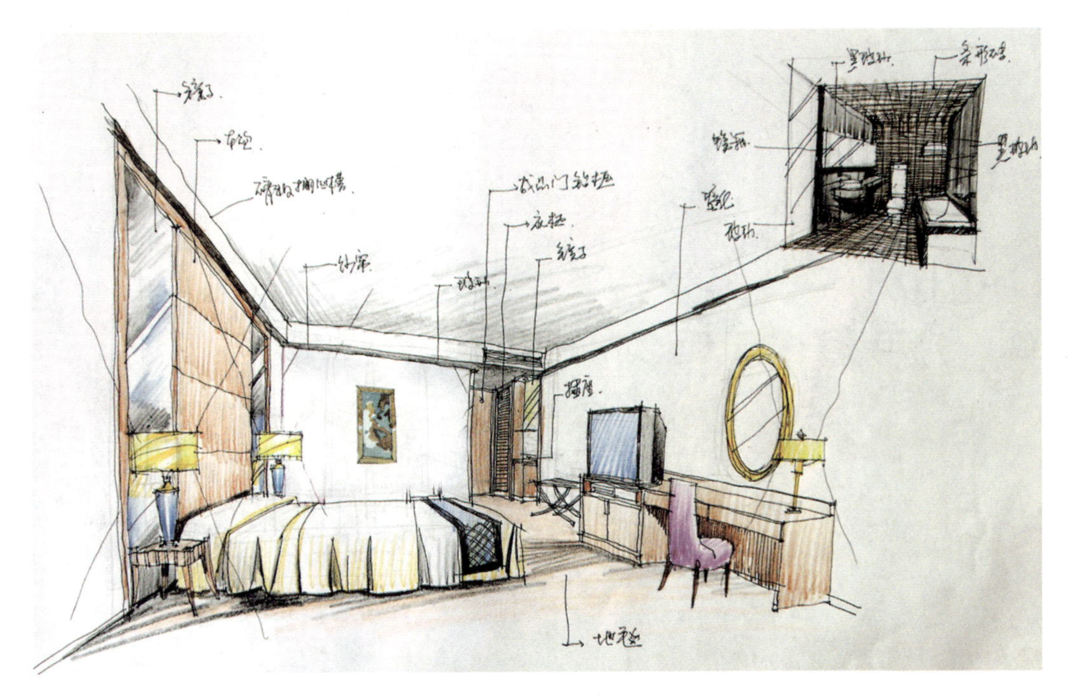

图 3-2-37 彩铅标准房表现图 王兆明绘

图 3-2-38 彩铅标准房表现图 王兆明绘

图 3-2-39　彩铅接待厅表现图　王兆明绘

图 3-2-40　彩铅洗浴空间表现图　王兆明绘

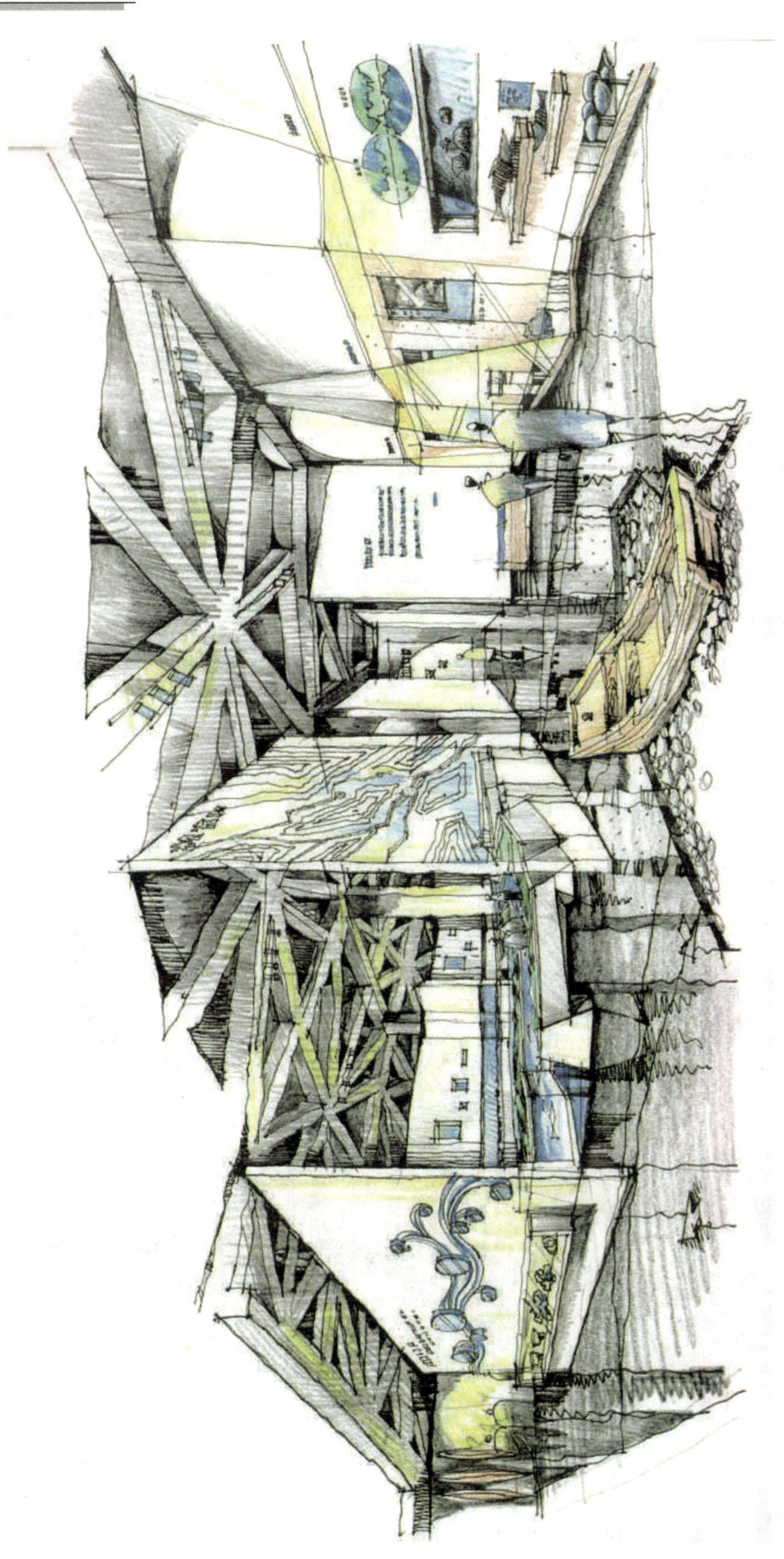

图 3-2-41　彩铅洗浴空间表现图　王兆明绘

图 3–2–42　水彩别墅室内构思图　王兆明绘

图 3–2–43　水彩别墅室内构思图　王兆明绘

图 3–2–44　水彩别墅室内构思图　王兆明绘

图 3–2–45　水彩三人间客房构思图　王兆明绘

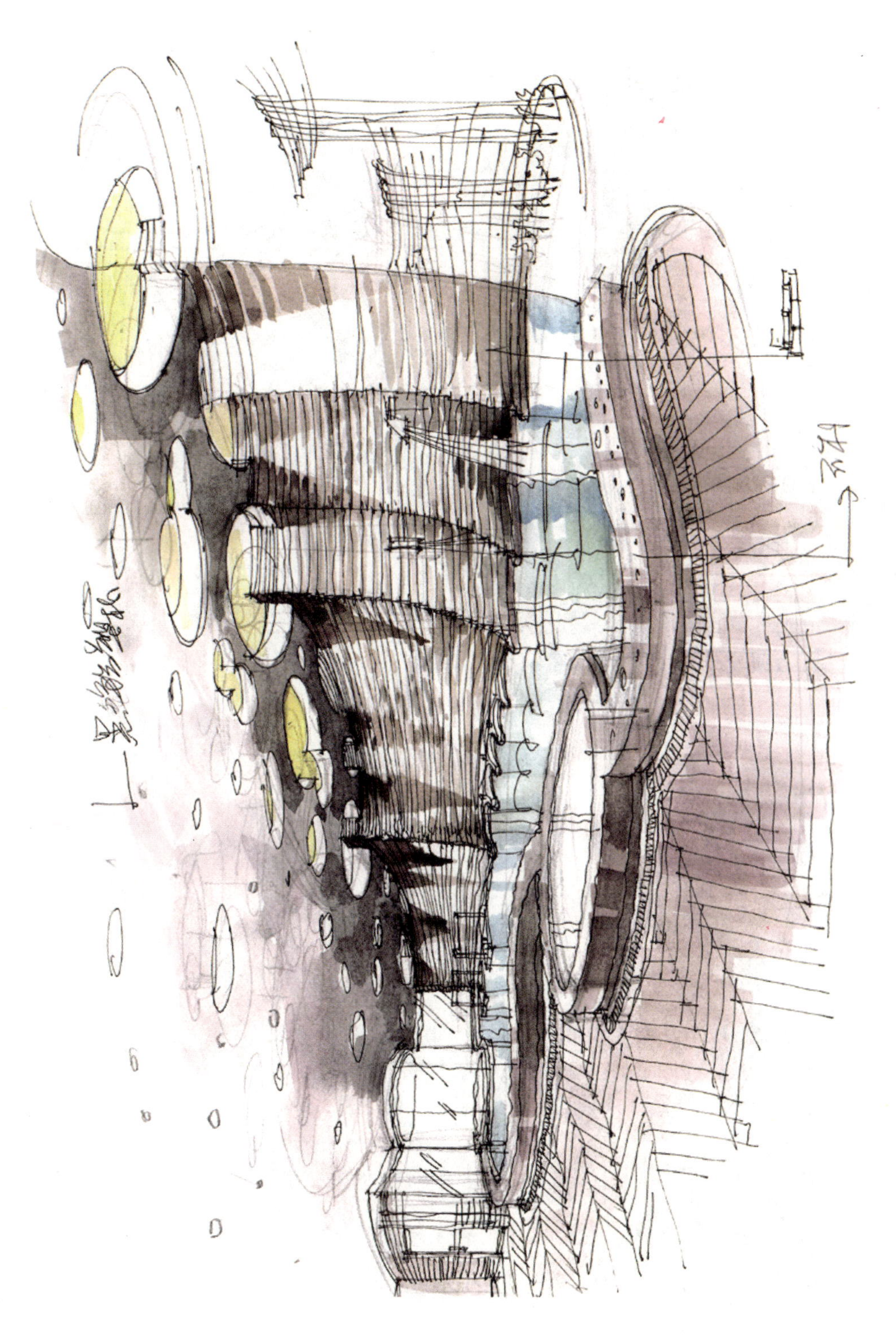

图 3-2-46 水彩洗浴空间表现图 王兆明绘

图 3-2-47 彩铅洗浴外空间表现图 王兆明绘

图 3-2-48　水彩套房卧室表现图　王兆明绘

图 3-2-49　水彩商务中心构思图　王兆明绘

图 3–2–50　水彩堂吧表现图　王兆明绘

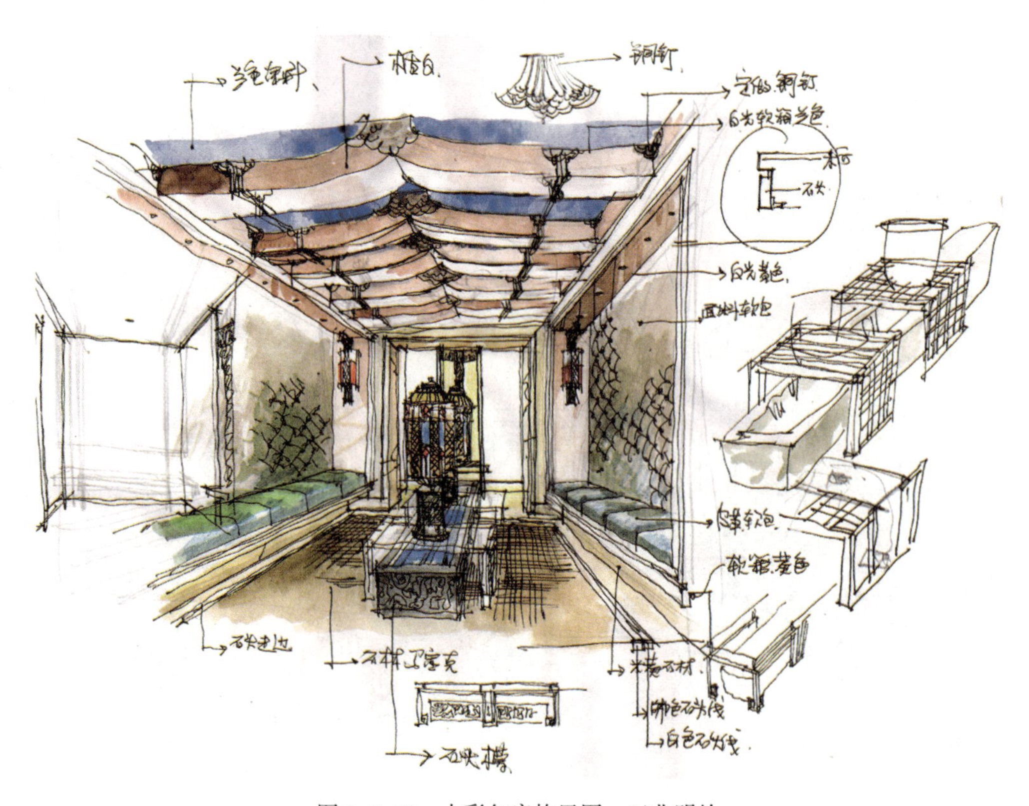

图 3–2–51　水彩包房构思图　王兆明绘

图 3-2-52 水彩包房表现图 王兆明绘

图 3-2-53 水彩大会议室走廊表现图 王兆明绘

图 3-2-54 水彩电梯等候间构思图 王兆明绘

图 3-2-55 水彩接待厅表现图 王兆明绘

图 3-2-56　水彩售楼处表现图　王兆明绘

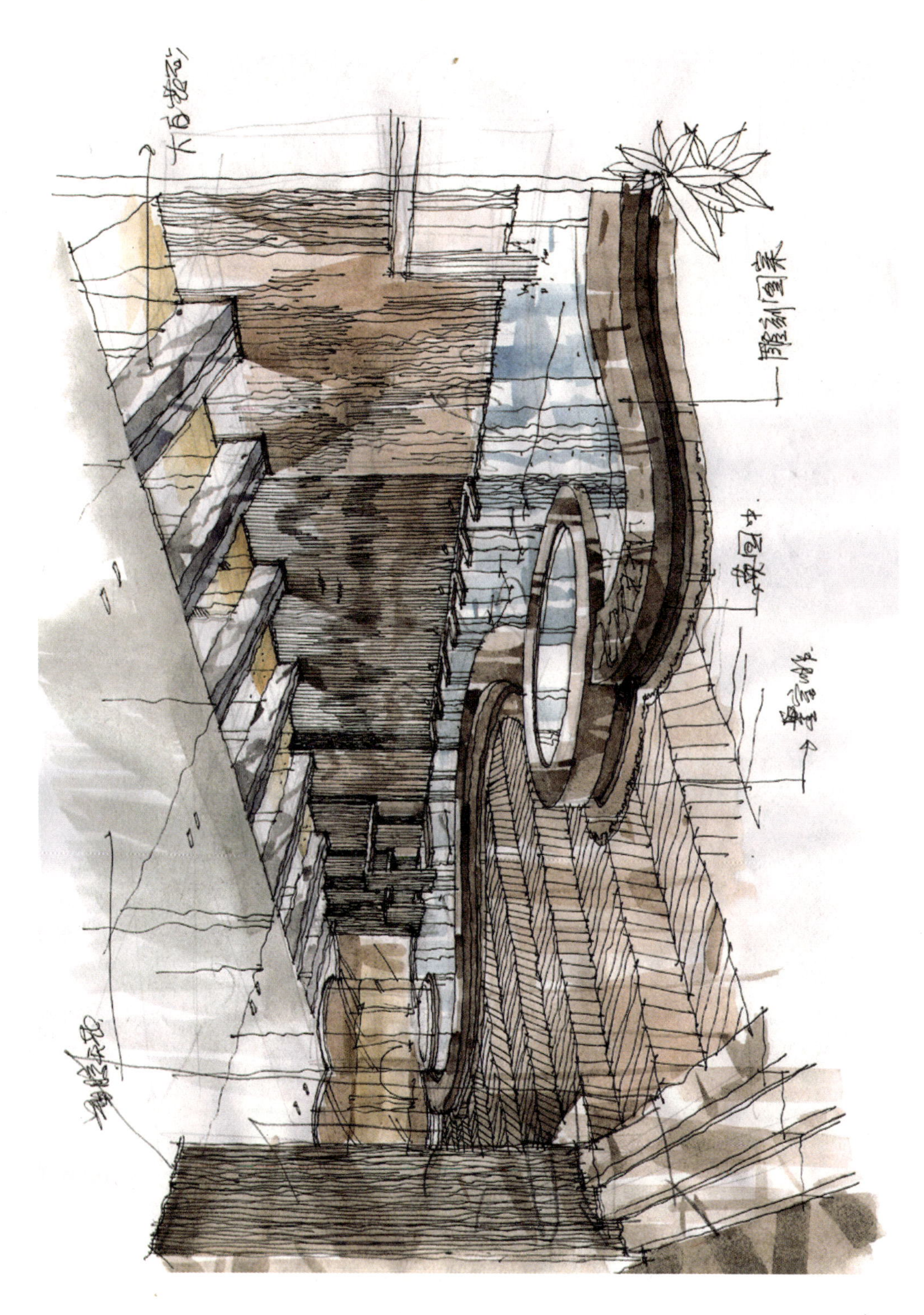

图 3-2-57　水彩洗浴空间构思图　王兆明绘

图 3-2-58　水彩外景表现图　王兆明绘

图 3-2-59　水彩鸟瞰表现图　王兆明绘

图 3-2-60　水彩室内表现图　张鸿勋绘

图 3-2-61　水彩室内表现图　李庆江绘

图 3-2-62　水彩室内表现图　李庆江绘

图 3-2-63　水彩室内表现图　李庆江绘

图 3-2-64　马克笔过厅表现图　周彤绘

图 3-2-65　马克笔卧室表现图　周彤绘

图 3-2-66　马克笔卧室表现图　周彤绘

图 3-2-67　马克笔客厅表现图　周彤绘

图 3-2-68　马克笔卧室表现图　李宏绘

图 3-2-69　马克笔餐厅表现图　李宏绘

图 3-2-70　马克笔索菲亚教堂表现图　李宏绘

图 3-2-71　马克笔儿童房表现图　李宏绘

图 3-2-72　马克笔建筑室内表现图　李庆江绘

图 3-2-73　马克笔建筑室内表现图　李庆江绘

图 3-2-74 马克笔建筑室内表现图 李庆江绘

图 3-2-75 马克笔建筑室内表现图 李庆江绘

图 3-2-76　马克笔建筑室内表现图　李庆江绘

图 3-2-77　马克笔建筑室内表现图　李庆江绘

图 3-2-78 马克笔建筑室内表现图 李庆江绘

图 3-2-79　马克笔建筑室内表现图　李庆江绘

图 3-2-80　马克笔建筑室内表现图　李庆江绘

图 3-2-81　马克笔构思图　张鸿勋绘

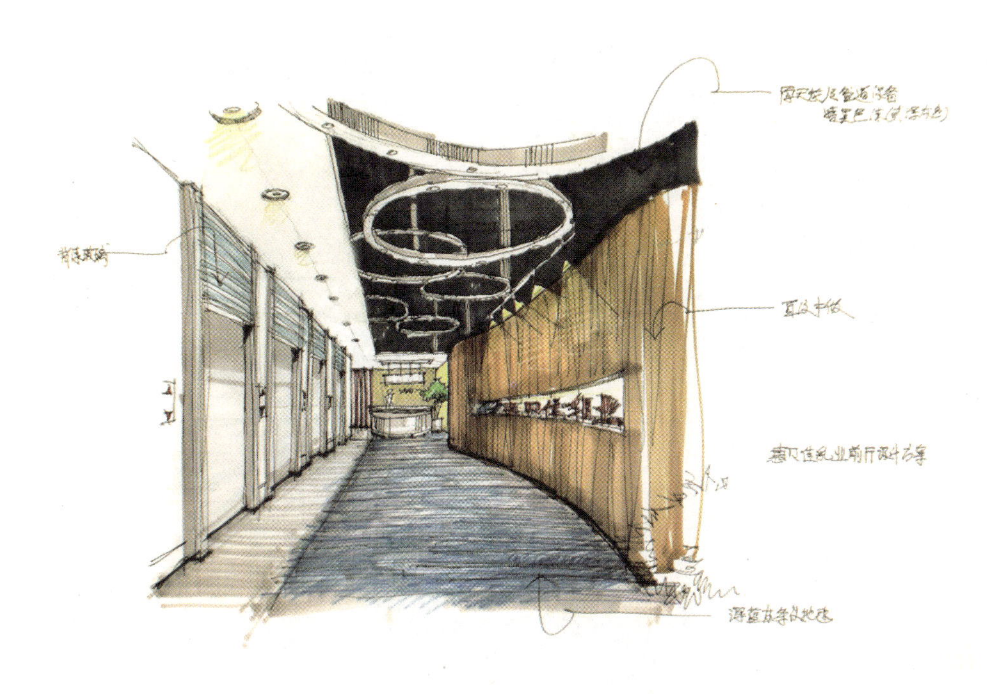

图 3-2-82　马克笔构思图　张鸿勋绘

参 考 文 献

[1] 贺珊，蔡如．园林手绘效果图表现技巧(彩色铅笔马克笔篇)．广州：华南理工大学出版社，2006.
[2] 谢尘．建筑场景快速表现．武汉：湖北美术出版社，2007.
[3] 李宏．建筑表现图技法．北京：高等教育出版社，2007.
[4] 张汉平，种付彬，沙沛．设计与表达．北京：中国计划出版社，2004.
[5] 北京润寰文化有限公司编著．手绘设计表现．天津：天津大学出版社，2004.

尊敬的读者：

感谢您选购我社图书！建工版图书按图书销售分类在卖场上架，共设22个一级分类及43个二级分类，根据图书销售分类选购建筑类图书会节省您的大量时间。现将建工版图书销售分类及与我社联系方式介绍给您，欢迎随时与我们联系。

★建工版图书销售分类表（详见下表）。

★欢迎登陆中国建筑工业出版社网站www.cabp.com.cn，本网站为您提供建工版图书信息查询，网上留言、购书服务，并邀请您加入网上读者俱乐部。

★中国建筑工业出版社总编室　电　话：010—58934845
传　真：010—68321361

★中国建筑工业出版社发行部　电　话：010—58933865
传　真：010—68325420
E-mail：hbw@cabp.com.cn

建工版图书销售分类表

一级分类名称（代码）	二级分类名称（代码）	一级分类名称（代码）	二级分类名称（代码）
建筑学（A）	建筑历史与理论（A10）	园林景观（G）	园林史与园林景观理论（G10）
	建筑设计（A20）		园林景观规划与设计（G20）
	建筑技术（A30）		环境艺术设计（G30）
	建筑表现・建筑制图（A40）		园林景观施工（G40）
	建筑艺术（A50）		园林植物与应用（G50）
建筑设备・建筑材料（F）	暖通空调（F10）	城乡建设・市政工程・环境工程（B）	城镇与乡（村）建设（B10）
	建筑给水排水（F20）		道路桥梁工程（B20）
	建筑电气与建筑智能化技术（F30）		市政给水排水工程（B30）
	建筑节能・建筑防火（F40）		市政供热、供燃气工程（B40）
	建筑材料（F50）		环境工程（B50）
城市规划・城市设计（P）	城市史与城市规划理论（P10）	建筑结构与岩土工程（S）	建筑结构（S10）
	城市规划与城市设计（P20）		岩土工程（S20）
室内设计・装饰装修（D）	室内设计与表现（D10）	建筑施工・设备安装技术（C）	施工技术（C10）
	家具与装饰（D20）		设备安装技术（C20）
	装修材料与施工（D30）		工程质量与安全（C30）
建筑工程经济与管理（M）	施工管理（M10）	房地产开发管理（E）	房地产开发与经营（E10）
	工程管理（M20）		物业管理（E20）
	工程监理（M30）	辞典・连续出版物（Z）	辞典（Z10）
	工程经济与造价（M40）		连续出版物（Z20）
艺术・设计（K）	艺术（K10）	旅游・其他（Q）	旅游（Q10）
	工业设计（K20）		其他（Q20）
	平面设计（K30）	土木建筑计算机应用系列（J）	
执业资格考试用书（R）		法律法规与标准规范单行本（T）	
高校教材（V）		法律法规与标准规范汇编/大全（U）	
高职高专教材（X）		培训教材（Y）	
中职中专教材（W）		电子出版物（H）	

注：建工版图书销售分类已标注于图书封底。